U0325459

《中国大百科全书》普及版

BUQIONGZHILING YUANLINQINGYUN

不穷之景

园林情韵　【建筑园林卷】

中国大百科全书出版社

图书在版编目（CIP）数据

不穷之景：园林情韵／《中国大百科全书：普及版》编委会编 . —北京：中国大百科全书出版社，2015.1
（中国大百科全书：普及版）
ISBN 978-7-5000-9369-5

Ⅰ.①不… Ⅱ.①中… Ⅲ.①园林艺术−世界−普及读物 Ⅳ.①TU986.61-49

中国版本图书馆CIP数据核字（2014）第145352号

总 策 划：刘晓东　　陈义望
策划编辑：黄佳辉
责任编辑：黄佳辉　　徐世新
装帧设计：童行侃
出版发行：中国大百科全书出版社
地　　址：北京阜成门北大街17号　　邮编：100037
网　　址：http：//www.ecph.com.cn　　Tel：010-88390718
图文制作：北京华艺创世印刷设计有限公司
印　　刷：保定市铭泰达印刷有限公司
字　　数：98千字
印　　张：8
开　　本：720×1020　　1/16
版　　次：2015年1月第1版
印　　次：2020年4月第5次印刷
书　　号：ISBN 978-7-5000-9369-5
定　　价：28.00元

前言

　　《中国大百科全书》是国家重点文化工程，是代表国家最高科学文化水平的权威工具书。全书的编纂工作一直得到党中央国务院的高度重视和支持，先后有三万多名各学科各领域最具代表性的科学家、专家学者参与其中。1993年按学科分卷出版完成了第一版，结束了中国没有百科全书的历史；2009年按条目汉语拼音顺序出版第二版，是中国第一部在编排方式上符合国际惯例的大型现代综合性百科全书。

　　《中国大百科全书》承担着弘扬中华文化、普及科学文化知识的重任。在人们的固有观念里，百科全书是一种用于查检知识和事实资料的工具书，但作为汲取知识的途径，百科全书的阅读功能却被大多数人所忽略。为了充分发挥《中国大百科全书》的功能，尤其是普及科学文化知识的功能，中国大百科全书出版社以系列丛书的方式推出了面向大众的《中国大百科全书》普及版。

　　《中国大百科全书》普及版为实现大众化和普及化的目标，在学科内容上，选取与大众学习、工作、生活密切相关的学科或知识领域，如文学、历史、艺术、科技等；在条目的选取上，侧重于学科或知识领域的基础性、实用性条目；在编纂方法上，为增加可读性，以章节形式整编条目内容，对过专、过深的内容进行删减、改编；在装帧形式上，在保持百科全书基本风格的基础上，封面和版式设计更加注重大众的阅读习惯。因此，普及版在充分体现知识性、准确性、权威性的前提下，增加了可读性，使其兼具工具书查检功能和大众读物的阅读功能，读者可以尽享阅读带来的愉悦。

百科全书被誉为"没有围墙的大学"，是覆盖人类社会各学科或知识领域的知识海洋。有人曾说过："多则价谦，万物皆然，唯独知识例外。知识越丰富，则价值就越昂贵。"而知识重在积累，古语有云："不积跬步，无以至千里；不积小流，无以成江海。"希望通过《中国大百科全书》普及版的出版，让百科全书走进千家万户，切实实现普及科学文化知识，提高民族素质的社会功能。

2013 年 6 月

目录

第一章 "人工的自然"——园林学的诞生和发展

　　园林是运用工程技术手段和艺术理论塑造地形或筑山理水，种植树木花草，营造路径及建筑物等所形成的优美环境和游憩境域。

　　在历史上，"游憩境域"因内容和形式不同用过不同的名称。中国殷周时期和古代西亚的亚述，在林野中畜养禽兽供狩猎游乐的境域称为囿和猎园。中国秦汉时期供帝王游憩的境域称为苑或宫苑；属官署或私人的称为园、园池、宅园、别业等。"园林"一词最早见于西晋人的诗文中，如张翰《杂诗》有"暮春和气应，白日照园林"句。北魏杨衒之《洛阳伽蓝记》评述司农张伦的住宅："园林山池之美，诸王莫及。"唐宋以后，"园林"则泛指上述各种游憩境域。现代常见的园林有庭园、宅园、公园、街头花园、植物园、动物园等。广义的园林还包括在保护自然景观基础上开辟游览路径，设置必要休息设施的国家公园、风景名胜区、森林公园，以及供游乐休闲的主题公园、度假区等。

　　园林学是研究如何保护和合理利用自然环境资源和人文资源，创造生态健全、景观优美、反映时代文化和可持续发展的人类生活环境的学科。

《中国大百科全书》普及版◎ 不穷之景—— 园林情韵 buqiongzhijing yuanlinqingyun

　　人类同自然环境和人工环境是相互联系、相互作用的。远古时代人类生活在自然环境中。随着文明的发达，逐渐远离了自然。然而，人类在生理上和心理上都和自然密切不可分，向往自然是人类的本能。

　　游乐和休息是人们恢复精神和体力所不可缺少的需求。几千年来，人们一直在利用自然环境作为游憩活动的场所，运用水、土、石、植物、动物、建筑物等素材来创造人工的自然——园林。在今天看来，园林的作用主要有三个方面：供人们游乐休息、美化环境和改善生态。此外还有防灾避难、身心保健、文化艺术熏陶、科普教育、开展旅游和促进经济等作用。园林学融生物科学、工程技术和美学理论于一体，为协调人与自然的关系，发挥着其他学科不能代替的作用，产生巨大的环境效益、社会效益和经济效益。

　　园林学的性质和范围　建造园林和一般的建设活动的不同之处，主要在于园林通常都包含有生物（主要是植物）的因素。在园林营建中，改造地形、筑山叠石、引泉挖湖、建造亭台、栽花植树、修筑园路等，都要运用美学理论把各种造园素材组织起来，建成外观优美、生态良好的生活境域。因此，园林学具有科学和艺术的双重属性。

　　园林学的基础理论主要由生物学和地学（植物学、动物学、生态学、地貌学等）、工程技术（建筑学、土木工程、水工、电工等）和美学理论（尤其是绘画和文学创作理论）三方面所组成。在规划各种类型的园林绿地时，需要考虑它们在地域中的地位和作用，使用要求，以及与相关项目的相互关系，这就涉及城市规划、历史文物保护、社会学、心理学等方面的知识。园林建设和管理要耗费大量物质财富和劳动力，在宏观布局和具体项目的规划设计中，必须充分考虑社会效益、环境效益和经济效益，又和经济学、法学、管理科学、环境科学等有关。

　　园林学的内涵和外延，随着时代、社会和生活的发展，随着相关学科的发展而不断丰富和扩大。对园林的研究，是从记叙园林景物开始的，以后发展到或从艺术方面探讨造园理论和手法，或从工程技术方面总结叠山理水、园林建筑、花木布置的经验，逐步形成传统园林学科。资产阶级革命以后，先是开放王公贵族的宫苑供公众使用，后来研究和建设为公众服务的各种类型的公园、绿地等。20世纪初，英国E.霍华德提出"田园城市"理论；十月革命后，苏联将城市园林绿地系统列为城市规划的内容，逐渐形成城市绿化学科。随着人对自然依存关系的再认识和环境科学、城市生态研究的发展，人们逐步理解到人类不仅需要维护居住环境、城市的良好景观和生态平衡，而且一切活动都应该避免破坏人类赖以生存的大自然，园林学的研究范围随之扩大到探讨区域的以至国土的景物规划问题。

园林学发展简史　园林是人类社会发展到一定阶段的产物。世界园林三大系统发源地——中国、西亚和希腊，都有灿烂的古代文化。从散见于古代中国和西方史籍记述园林的文字中，可以大致了解当时园林建设的工程技术、艺术形象和创作思想。研究园林技术和园林艺术专著的出现，以及园林学作为一门学科的出现，则是近代的事情。由于文化传统的差异，东西方园林学发展的进程也不相同。东方园林以中国园林为例，从崇尚自然的思想出发，发展出山水园；西方古典园林以意大利台地园和法国园林为例，把园林看作建筑的附属和延伸，强调轴线、对称，发展出具有几何图案美的园林。到了近代，东西方文化交流增多，园林风格互相融合渗透。

园林学在中国的发展　中国园林最早见于史籍的是公元前11世纪西周的灵囿。囿是以利用天然山水林木挖池筑台而成的一种游憩生活境域。从《史记》、《汉书》、《三辅黄图》、《西京杂记》等史籍中可以看到，秦汉时期园林的形式在囿的基础上发展成为在广大地域布置宫室组群的"建筑宫苑"。它的特点一是面积大，周围数百里，保留囿的狩猎游乐的内容；二是有了散布在广大自然环境中的建筑组群。苑中有宫，宫中有苑，离宫别馆相望，周阁复道相连。

魏晋南北朝时期社会动乱，哲学思想上儒、道、释诸家争鸣，士大夫为逃避世事而寄情山水，影响到园林创作。两晋时，诗歌、游记、散文对田园山水的细致刻画，对造园的手法、理论有重大影响，并开始使用"园林"作为游赏境域的名词，如张翰《杂诗》："暮春和气应，白日照园林"；陶渊明的《桃花源记》寄托了他对理想社会的憧憬，所描述的"林尽水源，便得一山，山有小口……初极狭，才通人，复行数十步，豁然开朗"的情景，对园林布局颇有启示；谢灵运的《山居赋》是他经营山居别业的感受，对园林相地卜居的原则，因水、因岩、因景而设置建筑物和借景的手法，以及如何开辟路径、经营山川等都作了阐述。从文献中可以看到，这时期大量涌现的私园已从利用自然环境发展到模仿自然环境的阶段，筑山造洞和栽培植物的技术有了较大的发展，造园的主导思想侧重于追求自然情致，如北魏张伦在宅园中"造景阳山，有若自然"，产生了自然山水园。

　　唐宋时期，园林创作接受绘画、文学的影响，起了重大变化。从南朝兴起的山水画，到盛唐已臻于成熟，以尺幅表现千里江山。歌咏田园山水的诗，更着重表现诗人对自然美的内心感受和个人情绪的抒发。园林创作也从单纯模仿自然环境发展到在较小的境域内体现山水的主要特点，追求诗情画意，产生了写意山水园。唐宋时期有些文学作品提出了造园理论和园林的布局手法。唐代王维的《辋川集》用诗句道出怎样欣赏山水、植物之美，怎样在可歌、可观、可成景处选地构筑亭馆，怎样利用自然胜景组成优美的园林别业；柳宗元有不少"记"讲到园林的营建，如《零陵三亭记》、《柳州东亭记》谈到即使是废弃地，只要匠心独运加以改造，就能成园；白居易喜爱造园，长安有宅园，庐山建草堂，任杭州刺史时开辟西湖风景区，《草堂记》记述他的庐山草堂怎样选址，园林建筑怎样同环境协调，怎样引泉水创造既有声音、又像雨露的景色，又记述了草堂的四时风光，以及自己"外适内和，体宁心恬"的感受；宋代欧阳修的《醉翁亭记》记述了滁州城郊风景区的选址、建亭、晨暮四时景色。宋朝开始有评述名园的专文，如北宋李格非的《洛阳名园记》，南宋周密的《吴兴园林记》，以后有明代的《娄东园林志》、王世贞《游金陵诸园记》等。这些文人欣赏园林所写的评述，对明清文人山水园的造园艺术原则和欣赏趣味颇有影响。田园山水诗，游记和散文，山水画和画论，以及一般艺术和美学理论，对于自然山水园发展为唐宋写意山水园和明清文人山水园都有重大影响。这种影响主要在认识自然、表现自然以及园林布局、构图、意境等方面提供借鉴。但园林学的理论体系只有通过造园的实践和经验的积累，并经过造园家的提炼和升华才能产生。

明代已有专业的园林匠师，他们运用前代造园经验并加以发展。明代造园家计成的《园冶》是关于中国传统园林知识的专著，主旨是要"相地合宜，构园得体"。文震亨《长物志》中有花木、水石等卷谈及园林。明末清初李渔《闲情偶寄·居室部》山石一章，对庭园叠石掇山有独到的见解。计成和李渔都既有丰富的造园实践经验，又有高度的诗、画艺术素养，他们提出的一些造园原则，至今仍很有启发意义。

　　1868 年外国人在上海租界建成外滩公园以后，西方园林学的概念进入中国，对中国传统的园林观有很大的冲击。1911 年辛亥革命前后，中国城市中自建公园渐多。无锡《整理城中公园计划书》中，将公园列为都市建设的项目。从 20 世纪 20 年代起，中国一些农学院的园艺系、森林系或工学院的建筑系开设庭园学或造园学课程，中国开始有现代园林学教育，同传统的师徒传授的教育方式并行。学者出版的专著，有童玉民的《造庭园艺》（1926），叶广度的《中国庭园概观》（1926），范肖岩的《造园法》（1934），莫朝豪的《园林计划》，陈植的《造园学概论》（1935）等。这些著作论述了园林植物、园林史、园林规划设计等方面的问题，并介绍国外风景建筑学的知识。此时，开始用现代测绘手段研究中国传统园林。建筑师童寯的《江南园林志》（1937 年写成，1963 年出版）是这方面研究的成果。1928 年曾成立中国造园学会。

中华人民共和国建立后的 50 多年，园林学虽然经历曲折，仍然有较大的发展。研究范围由于城市绿化和园林建设的大量实践，从传统园林学扩大到城市绿化领域；由于旅游事业的迅速发展，又扩大到风景名胜区的保护、利用、开发和规划设计领域。在学术研究方面，一方面吸收国外风景建筑学和城市绿化学科的理论，一方面致力于中国传统园林艺术理论的研究，以期形成具有中国特色的中国现代园林学科。出版了一批园林专著，如刘敦桢的《苏州古典园林》和童寯的《造园史纲》，反映对古典园林和园林史研究的成就；陈植的《园冶注释》扩大了《园冶》这本传统园林著作的影响；陈从周的《说园》对欣赏园林和园林创作艺术提出了有益的观点；中国城市规划设计研究院编的《中国新园林》是有关中国当代园林设计方面的专集。在园林人才培养方面，1951 年北京农业大学园艺系和清华大学营建系合作创立了中国第一个造园专业，有较完备的教学计划和课程设置。中国已有多所农林、建筑、城建院校开办了观赏园艺、风景园林和园林的系或专业。1989 年在中国建筑学会园林学会的基础上成立中国风景园林学会，出版学术刊物《中国园林》。20 世纪 80 年代以后，在园林教育与科研，园林植物培养，园林设计、施工、管理，城市绿地系统规划，创建园林城市，风景名胜区保护与利用，世界遗产的申报与管理，城市生物多样性保护等方面有较大的发展。

园林学在西方的发展　世界上最早的园林可以追溯到公元前 16 世纪的埃及。从古代墓画中可以看到祭司大臣的宅园采取方直的规划，有规则的水槽和整齐的栽植。西亚的亚述有猎苑，后演变成游乐的林园。巴比伦、波斯气候干旱，重视水的利用。波斯庭园的布局多以位于十字形道路交叉点上的水池为中心，这一手法为阿拉伯人继承下来，成为伊斯兰园林的传统，流布于北非、西班牙、印度，传入意大利后，演变成各种水法，成为欧洲园林的重要内容。

古希腊通过波斯学到西亚的造园艺术，发展成为住宅内布局规则方整的柱廊园。古罗马继承希腊庭园艺术和亚述林园的布局特点，发展成为山庄园林。

欧洲中世纪时期，封建领主的城堡和教会的修道院中建有庭园。修道院中的园地同建筑功能相结合，如在教士住宅的柱廊环绕的方庭中种植花卉，在医院前辟设药圃，在食堂厨房前辟设菜圃，此外还有果园、鱼池和游憩的园地等。在今天，英国等欧洲国家的一些校园中还保存这种传统。13世纪末，罗马出版了P.克里申吉著的《田园考》，书中有关于王侯贵族庭园和花木布置的描写。

在文艺复兴时期，意大利的佛罗伦萨、罗马、威尼斯等地建造了许多别墅园林。以别墅为主体，利用意大利的丘陵地形开辟成整齐的台地，逐层配置灌木，并把它修剪成几何图案的植坛，顺山势运用各种水法（流泉、瀑布、喷泉等），外围是树木茂密的林园，这种园林通称为意大利台地园。台地园在地形整理、植物修剪艺术和水法技术方面都有很高成就。佛罗伦萨建筑师L.B.阿尔贝蒂的《论建筑》一书把庭园作为建筑的组成部分，论述了园地、花木、岩穴、园路布置等。

法国继承和发展了意大利的造园艺术。1638年，法国J.布阿依索写成西方最早的园林专著《论造园艺术》。17世纪下半叶，法国造园家A.勒诺特尔主持设计凡尔赛宫苑，根据法国地势平坦的特点，开辟大片草坪、花坛、河渠，创造了宏伟华丽的园林风格，被称为勒诺特尔风格，各国竞相仿效。

18世纪欧洲文学艺术领域中兴起浪漫主义运动。在这种思潮影响下，英国开始欣赏纯自然之美，恢复传统的草地、树丛，于是产生了自然风景园。英国W.申斯通的《造园艺术断想》（1764）首次使用风景造园学一词，倡导营建自然风景园。初期的自然风景园创作者中较著名的有C.布里奇曼、W.肯特、L.布朗等，但当时对自然美的特点还缺乏完整的认识。18世纪中叶，W.钱伯斯从中国回英国后撰文介绍中国园林，他主张引入中国的建筑小品。他的著作在欧洲，尤其在法国颇有影响。18世纪末英国造园家H.雷普顿认为自然风景园不应任其自然，而要加工，以充分显示自然的美而隐藏它的缺陷，他并不完全排斥规则布局形式，在建筑与庭园相接地带也使用行列栽植的树木，并利用当时从美洲、东亚等地引进的花卉丰富园林色彩，把英国自然风景园推进了一步。美国造园家A.J.唐宁著《风景造园理论与实践概要》（1841），对美国园林颇有影响。

从17世纪开始，英国把贵族的私园开放为公园。18世纪以后，欧洲其他国家也纷纷仿效。自此西方园林学开始了对公园的研究。

19 世纪下半叶，美国园林设计师 F.L. 奥姆斯特德于 1858 年主持建设纽约中央公园时，自称"风景园林师"，把他所从事的工作称为"风景园林学"。他把传统园林学的范围扩大了，从庭园设计扩大到城市公园系统的设计，以至区域范围的景物规划。他认为城市户外空间系统以及国家公园和自然保护区是人类生存的需要，而不是奢侈品。此后出版的 H.W.S. 克里夫兰的《风景园林学》也是一本重要专著。美国风景园林师协会主席 C.W. 埃利奥特 1910 年对风景园林学作了较完整的解说，他认为："风景园林学主要是一种艺术，因此它最重要的作用是创造和保存人类居住环境和更大郊野范围内的自然景色的美；但它也涉及城市居民的舒适、方便和健康的改善。市民由于很少接触到乡村景色，迫切需要借助于风景艺术（创作的自然）充分得到美的、恬静的景色和天籁，以便在紧张的工作生活之余，使身心恢复平静。" 1901 年美国哈佛大学首开风景园林课程，意味着园林学已形成一门独立的专业和具有特定内容的学科，标志着传统园林学向现代园林学的转变。此后，其他一些国家也相继开办这一专业。园林学科在世界各国普遍发展，1948 年成立国际风景园林师联合会。

科技的进步和交通手段的改善使人类活动的范围几乎伸展到地球的每个角落，地球相对变小了。大规模的建设扰动了自然界的平衡秩序，使自然生态受到严重威胁。20 世纪 60 年代，一些学者惊呼人类唯一的家园——地球将被人类自己毁灭！ 1969 年美国风景园林师 I. 麦克哈格发表了《设计结合自然》，提出以生态原理作为各项建设的设计和决策的依据，使人类的建设活动对自然的破坏减少到最低程度。1978 年美国风景园林师学会主席 J.O. 西蒙兹发表了《大地景观：环境规划指南》，标志着风景园林学科的领域又延伸到大地景物规划的阶段。

园林学的研究内容　园林学的研究范围是随着社会生活和科学技术的发展而不断扩大的，包括传统园林学、城市绿化和大地景物规划三个层次。

传统园林学主要包括园林历史、园林艺术、园林植物、园林工程、园林建筑等分支学科。园林设计是根据园林的功能要求、景观要求和经济条件运用上述分支学科的研究成果来创造各种园林的艺术形象。

城市绿化是研究园林绿化在城市建设中的作用。调查研究居民游憩、健身对园林绿地的需求和文化心理；测定园林绿地改善和净化环境的计量化数据，合理地确定城市所需绿量，规划设计城市园林绿地系统；主持或参与城市总体规划、城市设计；研究城市中各种类型园林绿地的建设、管理技术；分析评估城市园林绿化在宏观经济方面的投资和效益；研究制定推进城市园林绿化的政策、措施等。

大地景物规划是发展中的课题，其任务是把大地的自然景观和人文景观当作资源来看待，从生态、社会经济价值和审美价值三方面来进行评价和环境敏感度分析，在开发时最大限度地保存典型的生态系统和珍贵濒危生物物种的繁衍栖息地，保护生物多样性，保存自然景观和珍贵文化、自然遗产，最合理地使用土地。规划的步骤包括景观资源的调查、分析、评价；保护或开发原则、政策的制定；规划方案的编制等。大地景物规划的规划项目有风景名胜区规划、国家公园的规划、休养胜地的规划、自然保护区游览部分的规划、湿地景观规划、采矿及其他

迹地景观恢复等；参与区域规划、高速公路和铁路的选线及路景规划；大型基本建设项目的景观规划等。

三个层次并不是截然割裂，只是知识的积累深化，不断交流吸纳相关学科的知识，以及工作领域持续扩展的结果。城市绿化和大地景物规划工作中也要应用传统园林学的基础知识。

当代在世界范围内城市化进程的加速，使人们对自然环境更加向往；科学技术的日新月异，使生态研究和环境保护工作日益广泛深入；社会经济的长足进展，使人们闲暇时间增多，促进旅游事业蓬勃发展。因此，园林学这样一门为人的舒适、方便、健康服务，对改善生态和大地景观起重大作用的学科，有了更加广阔的发展前途。园林学的发展一方面是引入各种新技术、新材料、新的艺术理论和表现方法用于园林营建，另一方面是进一步研究自然环境中各种因素和社会因素的相互关系，引入心理学、社会学和行为科学的理论，更深入地探索人对园林的需求及其解决途径。

第二章　中国园林

［一、囿］

中国古代供帝王贵族进行狩猎、游乐的一种园林形式。通常在选定地域后划出范围，或筑界垣。囿中草木鸟兽自然滋生繁育。狩猎既是游乐活动，也是一种军事训练方式。囿中有自然景象、天然植被和鸟兽的活动，让人赏心悦目，给人以美的享受。

有文字记载的最早的囿是周文王的灵囿（约前 11 世纪）。《诗经·大雅》灵台篇记有灵囿的经营，以及对囿的描述。如"王在灵囿，麀鹿攸伏。麀鹿濯濯，白鸟翯翯。王在灵沼，於牣鱼跃"。灵囿除了筑台掘沼为人工设施外，全为自然景物。秦汉以来，绝少单独建囿，大都在规模较大的宫苑中辟有供狩猎游乐的部分，或在宫苑中建有驯养兽类以供赏玩的建筑和场地，称兽圈或囿。

[二、苑]

中国秦汉以来在囿的基础上发展起来的、建有宫室的一种园林。又称宫苑。

大的苑广袤百里，拥有囿的传统内容，有天然植被，有野生或畜养的飞禽走兽，供帝王射猎行乐。此外，还建有供帝王居住、游乐、宴饮用的宫室建筑群。小的苑筑在宫中，只供居住、游乐，如汉建章宫的太液池、三神山，可称为内苑。历代帝王不仅在都城内建有宫苑，在郊外和其他地方也建有离宫别苑，有的因建有朝贺和处理政事的宫殿，也称为行宫。著名的宫苑，汉有上林苑、建章宫，南北朝有华林苑、龙腾苑，隋有西苑，唐有兴庆宫、大明宫和九成宫，北宋有艮岳，明有西苑——发展为现今的三海（北海、中海、南海海），清有圆明园、清漪园（后扩建为颐和园）和避暑山庄等。

[三、宅园]

在宅第的内院或外围专门布置的园地。宅园能增加园主接触自然的机会，充实家庭生活情趣，提供健身、娱乐和社交的户外活动场所，又有对外保持距离、增进私密性等作用。宅园的面积可大可小，小的仅几十平方米，大的可上万平方米，甚至更大。

中国古代宅园边界多设有围墙，在充分利用园址原来地貌或适当改造的基础上，掇山、置石、理水并布置园林建筑、园路、植物等组成山水园形式，达到居闹市而享有城市咫尺山林之趣。让人可观、可游、可居。如苏州的拙政园、网师园等。小型宅园力求小景而含有深意。在四合院或三合院内面积有限，多从实际出发在小小园地种些花草，植几株果树或搭瓜棚豆架，给生活增添情趣。中国宅园一般喜欢种植寓意美好的植物，如玉堂富贵——玉兰、海棠、牡丹、桂花，岁寒三友——松、竹、梅，四君子——梅、兰、竹、菊等。

北京宅园　中国明清两代王公、贵族、达官、文士在北京营建的宅园。据记载，著名的明代宅园有 50 多处，清代宅园有 100 多处。保存较完整、部分尚存或有遗址可查考的有 50 多处。宅园的设计思想，除了为满足物质和精神的享受而建造"城市山林"外，还追求气派，以显示政治地位，这和江南宅园追求超凡脱俗的意境有明显的不同。

宅园布局受四合院建筑和宫苑影响，园林空间划分数量少而面积大，常用中轴对称布局。园林以得水为贵，宅园的选址大多在靠近水系的地方。明代北京西郊海淀一带是私人别业集聚之区，至清代大部分改为宫苑；以后高梁河水系的积水潭、后海一带，私人宅园逐渐增多。城内宅园缺乏水源，一般仅挖小池，以所得土方堆土山，常模拟大山的余脉或小丘。叠石亦多为小品，偶得奇石就独立特置供欣赏。

明代宅园风格继承了唐宋写意山水园的传统，着重于运用水景和古树、花木来创造素雅而富于野趣的意境，因景而设置园林建筑，并巧于借景。清代乾隆以后，宅园中建筑增多，趋于烦琐富丽，和明代风格迥然不同。

勺园　明代米万钟的宅园，在海淀，今为北京大学校园的一部分。水源充沛，以水面、弯堤、偏径、高柳、白莲和临水楼台构成一幅烟水迷离的图景。米万钟自绘的《勺园修禊图》可以看到勺园的大体布置。

英国公新园　为明末英国公张维贤所建，在什刹海银锭桥的观音庵，今已不存。布置简朴，仅一亭、一轩、一台。选址极佳，三面临水，一面对古木的园林。坐园亭中可望园外桥上行人、北海、万岁山，东邻稻田，北为村舍，西有西山。山、水、林、田，美景尽借入园中。

恭王府花园　恭王府为清恭亲王奕䜣的府邸，在前海西街。府邸有中、东、西三组院落，后花园名"萃锦园"，也有三条轴线和府邸对应。花园东、南、西三面被马蹄形的土山环抱。中路进园门后，土山起障景作用，穿越山洞门后，豁然开朗，正中置一峰石，名"福来峰"。峰东为"流杯亭"，峰北有水池，面池是一组厅堂。穿过厅堂进入中部庭园，有一座石山，为全园主景。山前有小池，池后是山洞。洞中有康熙书写的"福"字碑。洞的东、西部各有爬山洞，洞顶的平台名"邀月台"。石山后面有一列书斋，如蝙蝠展翼，名为"蝠厅"。花园西路以一个长方形大水池为主景，池中心的岛上有水榭。花园东路是一组建筑庭院和戏楼，用爬山廊连接中路的厅堂。

恭王府花园

半亩园　在东城黄米胡同，清初兵部尚书贾汉复的宅园，今已不存。园中假山是李渔所掇，当时誉为京城之冠。据记载，园内垒石成山，引水为沼，平台曲室，有幽有旷；结构曲折、陈设古雅，富丽而不失书卷气。

明末四大书家之一——米万钟

中国明代画家。字仲诏，号友石湛园、文石居士、勺海亭长、石隐庵居士。关中（今属陕西）人，寓居燕京（今北京）。北宋米芾之后，明万历二十三年（1595）进士，二十四年任江宁知县，后官至太仆少卿。擅长画石，也能作花卉。绘画以北宋为楷模，山水细润精工，皴斫幽秀，布局深远。其山水多为巨幅，重峦叠嶂，气势雄伟。善书，与邢侗、董其昌、张瑞图合称"明末四大书家"，并有"南董（其昌）、北米（万钟）"之称。传世画作有《竹菊图》、《竹石菊花图》（故宫博物院藏）等。著有《篆隶考伪》。

［四、寺庙园林］

佛寺、道观、坛庙、历史名人纪念性祠庙的园林。

发展 寺庙园林最晚在 4 世纪就已经出现。中国东晋太元年间（376～396），僧人慧远营造的庐山东林寺已是融入自然景观环境的禅林。《洛阳伽蓝记》描述北魏洛阳旧城内外的许多寺庙："堂宇宏美，林木萧森"；"庭列修竹，檐拂高松"；"斜峰入牖，曲沼环堂"。可以想见当时城内寺庙园林的盛况。从两晋、南北朝到唐、宋、明、清，寺庙、道观、祠庙园林的发展在数量和规模上都十分可观，名山大岳和文化古城几乎都有这种园林了。

寺庙园林的产生和发展有多方面的因素：①寺庙园林塑造自然山水景致，是寺观模写"仙境"、"极乐世界"，把彼岸乐土化作现世净土的宗教需要和祠庙表征先贤哲人高洁品德的文化需要。②佛教禅理和道教玄学导致僧人、道士都崇尚自然，寺观选址名山胜地，悉心营造园林景致，也是中国宗教哲学思想的产物。③两晋、南北朝的贵族有"舍宅为寺"的风尚，包含着宅园的第宅转化为寺庙，带来了早期寺庙现成的园林。

特点 寺庙园林有一些值得注意的特点：①佛寺、道观园林不属皇家专有或

北京碧云寺水泉院

私家专用，而带有公共游览性质，使古代市民阶层得以接触的园林。②苑、囿常因改朝换代而废毁，私家园林难免受家业衰落而败损，寺庙园林则具有较稳定的连续性。一些著名寺观的大型园林往往历经若干世纪的持续开发，不断地扩充规模，精化景观，积累着宗教古迹，题刻下吟颂、品评。自然景观与人文景观相交织，使寺庙园林有着与时俱增的历史文化价值。③在选址上，宫苑多限于京都城郊，私园多邻于第宅近旁，而寺观则散布在广阔区域，有条件挑选自然环境优越、风景地貌独特的名山胜地，具有得天独厚的园林自然资源。④寺庙园林十分注重因地制宜，善于根据所处的地貌环境，利用山岩、洞穴、溪涧、深潭、清泉、奇石、丛林、古树，通过亭、廊、桥、坊、堂、榭、塔、幢、摩岩造像、碑石题刻等的组合，创造出富有天然情趣，带有或浓或淡宗教意味的园林景观。

布局 寺庙园林随寺观、祠庙所处地段呈现不同的布局，大致有庭园、附园、组群园林化、环境园林化4种类型。有的以某型为主，有的兼而有之。庭园呈花木庭、山池庭、池泉庭等多样意趣，附园的基本格局近似于私家宅园。位于山林环境的大型寺观，如杭州灵隐寺、福州涌泉寺、乐山凌云寺、青城山天师洞、峨眉山清音阁等，则着力于寺观内外天然景观的开发，通过少量景观建筑、宗教景物的穿插、点缀和游览路线的剪辑、连接，构成组群整体的园林化和环绕寺院周围、贯通寺院内外的风景园式的格局。这类寺观多有或长或短的香道，常常结合丛林、溪流、山道的自然特色，点缀山亭、牌坊、小桥、放生池、摩岩造象、摩岩题刻等，组成寺庙园林的景观序幕。香道成为从"尘世"通向"净土"、"仙界"的情绪过渡，也起到烘托宗教氛围，激发游人兴致，逐步引入宗教天地和景观佳境的铺垫作用。

《中国大百科全书》普及版

不穷之景——

园林情韵

buqiongzhijing yuanlinqingyun

第三章　中国古代园林

[一、隋西苑]

中国古代隋炀帝杨广的宫苑之一。又称会通苑。建于大业元年（605）。

据记载，隋西苑位于隋东都洛阳宫城以西，北背邙山，东北隅与东周王城为界，周一百二十里。苑中造山为海，周十余里；海内有蓬莱、方丈、瀛洲诸山，高百余尺，台观殿阁，分布在山上。山上建筑装有机械，能升能降，忽起忽灭。海北有龙鳞渠，渠面宽二十步，屈曲周绕后入海。沿渠造十六院，是十六组建筑庭园，供嫔妃居住。每院临渠开门，在渠上架飞桥相通。各庭院都栽植杨柳修竹，名花异草，秋冬则剪彩缀绫装饰，穷奢极侈。院内还有亭子、鱼池和饲养家畜、种植瓜果蔬菜的园圃。

十六院之外，还有数十处游览观赏的景点，如曲水池、曲水殿、冷泉宫、青城宫、凌波宫、积翠宫、显仁宫等，以及大片山林。可泛轻舟画舸，作采菱之歌，或登飞桥阁道，奏游春之曲。隋西苑的布局，继承了汉代"一池三山"的形式，反映了王权与神权的统治以及享乐主义思想，具有浓厚的象征色彩。十六组建筑庭园分布在山水环绕的环境之中，成为苑中之园，不像汉代宫苑那样以周阁复道相连。这是从秦汉建筑宫苑转变为山水宫苑的一个转折点，开北宋山水宫苑——艮岳之先河。山上的建筑能时隐时现，反映建筑技巧的提高。

[二、辋川别业]

中国唐代诗人兼画家王维（701～761）在辋川山谷（陕西蓝田西南十余千米处），原宋之问辋川山庄的基础上营建的园林，今已湮没。根据传世的《辋川集》中王维和同代诗人裴迪所赋绝句，对照后人所摹的《辋川图》，可把辋川别业大致描述如下：

从山口进，迎面是"孟城坳"，山谷低地残存古城，坳背山冈称"华子岗"，山势高峻，林木森森，多青松和秋色树。背冈面谷，隐处可居，建有"辋口庄"。越过山冈，背岭面湖的胜处，有"文杏馆"，大概是山野茅庐。馆后崇岭高起，岭上多大竹，名"斤竹岭"。

缘溪通往另一区，景致幽深，题名"木兰柴"（木兰花）。溪流之源的山冈与斤竹岭对峙，称"茱萸沜"，大概因山冈多山茱萸而题名。翻过茱萸沜为一谷地，题名"宫槐陌"。登冈岭，至"空山不见人，但闻人语响"的"鹿柴"。山冈下为"北垞"，一面临欹湖，盖有屋宇，山冈尽处峭壁陡立。从这里到"南垞"、"竹里馆"等处，因有水隔，必须舟渡。欹湖"空阔湖水广，青荧天色同"。为欣赏湖光山色，建有"临湖亭"，沿湖堤岸上的柳树"映池同一色，逐吹散如丝"，故名"柳浪"。"柳浪"往下，有水流湍急的"栾家濑"。离水南行复入山，有"金屑泉"。山下谷地就是"南垞"，从此缘溪下行到入湖口处，有"白石滩"，这里"清浅白石滩，绿蒲向堪把"。沿山溪上行到"竹里馆"，此外，还有"辛夷坞"、"漆园"、"椒园"等胜处，因多辛夷（紫玉兰）、漆树、花椒而得名。

辋川别业营建在具山林湖水之胜的天然山谷区，因植物和山川泉石所形成的

金屑泉　栾家濑　柳浪　临湖亭　北垞　鹿柴　宫槐陌　茱萸沜　木兰柴　斤竹岭　文杏馆

辋川别业图局部（原载《关中胜迹图志》）

景物题名，使山貌、水态、林姿的美更加突出地表现出来，仅在可歇处、可观处、可借景处，相地面、筑宇屋亭馆，创作成既富自然之趣，又有诗情画意的自然园林。

［三、曲江池］

中国唐代都城长安风景区，在长安城东南隅，因水流曲折得名。这里在秦代称陧洲，并修建有离宫称"宜春苑"，汉代在这里开渠，修"宜春后苑"和"乐游苑"。隋营京城（大兴城）时，宇文恺凿其地为池，隋文帝称池为"芙蓉池"，称苑为"芙蓉园"。唐玄宗时恢复"曲江池"的名称，而苑仍名"芙蓉园"。据记载，唐玄宗时引黄渠自城外南来注入曲江，且为芙蓉园增建楼阁。芙蓉园占据城东南角一坊的地段，并突出城外，周围有围墙，园内总面积约 2.4 平方千米。曲江池位于园的西部，水面约 0.7 平方千米。全园以水景为主体，一片自然风光，岸线曲折，可以荡舟；池中种植荷花、菖蒲等水生植物；亭楼殿阁隐现于花木之间。唐代曲江池作为长安名胜，定期开放，都人均可游玩，以中和（农历二月初一）、上巳（三月初三）最盛；中元（七月十五日）、重阳（九月九日）和每月晦日（月末一天）也很热闹。现今池址仍在，园林设施均已湮没。

宇文恺，何人？

中国隋代城市规划和建筑工程专家。字安乐。朔方夏州（治所在今陕西靖边北）人，后徙居长安。出身于武将功臣世家，自幼博览群书，精熟历代典章制度和多种工艺技能。官至工部尚书。文帝开皇二年（582）宇文恺负责规划和主持兴建了隋首都大兴城（唐改称为长安城）和东都洛阳城及其宫殿衙署。又开凿广通渠，决渭水达黄河，以通漕运。还主持修建了隋的宗庙、离宫仁寿宫（即唐九成宫）和隋文帝独孤后的陵墓等。他所规划的大兴城汲取了北魏洛阳城和曹魏、北齐前后两个邺城的优点，布局严整，规模宏大，是当时世界上最大的城市，对后世有深远影响。

宇文恺还撰写过一些有关建筑的著作，其中只有《明堂议表》附于《隋书》中流传下来。根据《明堂议表》一文可知，宇文恺考证了隋以前的明堂形制，提出了建造明堂的设计方案和依据，并且附有按百分之一的比例尺绘制的平面图和模型。当时，重大建筑物在施工前先制图已是通制，但按严格比例制作模型并写出有设计依据的说明书则是宇文恺的独特贡献。他所撰《东都图记》、《明堂图议》、《释疑》等著作已失传。

[四、金明池]

中国北宋别苑。又称西池、教池，位于宋代东京顺天门外，遗址在今开封市城西的南郑门口村西北、土城村西南、吕庄以东和西蔡屯东南一带。

金明池始建于五代后周显德四年（957），原供演习水军之用。宋太平兴国七年（982），宋太宗幸其池，阅习水战。政和年间，宋徽宗于池内建殿宇，为皇帝春游和观看水戏的地方。金明池周长九里三十步，池形方整，四周有围墙，设门多个，西北角为进水口，池北后门外即汴河西水门。正南门为棂星门，南与琼林苑的宝津楼相对，门内彩楼对峙。在其门内从南岸至池中心，有一巨型拱桥——仙桥，长有数百步，桥面宽阔。桥有三拱，中央隆起，如飞虹状，称为"骆驼虹"。桥尽处，建有一组殿堂，称为五殿，是皇帝游乐期间的起居处。北岸遥对五殿，建有一"奥屋"，又称"龙

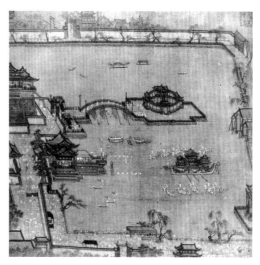

《金明池夺标图》

奥"，是停放大龙舟处。仙桥以北近东岸处，有面北的临水殿，是赐宴群臣的地方。每年三月初一至四月初八开放，允许百姓进入游览。沿岸"垂杨蘸水，烟草铺堤"，东岸临时搭盖彩棚，百姓在此看水戏。西岸环境幽静，游人多临岸垂钓。宋画《金明池夺标图》是当时在此赛船夺标的生动写照，描绘了宋汴梁皇家园林内赛船场景。北宋诗人梅尧臣、王安石和司马光等均有咏赞金明池的诗篇。金明池园林风光明媚，建筑瑰丽，到明代还是"开封八景"之一，称为"金池过雨"。明崇祯十五年（1642）大水后，池园湮没。

[五、艮岳]

中国宋代的宫苑。宋徽宗政和七年（1117）兴工，宣和四年（1122）竣工，初名万岁山，后改名艮岳、寿岳，或连称寿山艮岳，亦号华阳宫。1127年金人攻陷汴京（今河南开封）后被拆毁。宋徽宗赵佶亲自写有《御制艮岳记》。"艮"为地处宫城东北隅之意。艮岳位于汴京景龙门内以东，封丘门（安远门）内以西，东华门内以北，景龙江以南，周长约5.6里，面积约为750亩。艮岳突破汉代以

来宫苑"一池三山"的规范，把诗情画意移入园林，以典型、概括的山水创作为主题，在中国园林史上是一大转折。苑中置石、掇山的技巧，以及对于山石的审美趣味都有提高。苑中奇花异石取自南方民间，运输花、石的船队称为"花石纲"。

据记载，苑内峰峦叠起，冈连阜属，众山环列，仅中部为平地。其中东为艮岳，分东西二岭，上有"介亭"、"麓云"、"半山"、"极目"、"萧森"五亭；南为寿山，两峰并峙，列嶂如屏，瀑布泻入雁池；西为"药寮"、"西庄"，再西为万松岭，岭畔有"倚翠楼"。艮岳与万松岭间自南向北为濯龙峡。中部平地凿成大方沼，沼水东出为"研池"，西流为"凤池"。此外因境设景，还有"绿萼华堂"、"巢云亭"等，寓意得道飞升的有"祈真磴"、"炼丹亭"、"碧虚洞天"等。宫门位于苑的西面。

"一池三山"——建章宫

中国汉武帝刘彻于太初元年（前104）建造的宫苑。武、昭二帝时的皇宫。位于西汉都城长安城西侧、上林苑中。遗址在今陕西省西安市未央区三桥镇。

建章宫与未央宫隔衢相望，为往来方便，两宫之间有飞阁辇道相连。建章宫布局、形制仿未央宫，平面大致呈长方形，四周有城垣，东西约2130米、南北约1240米。正门南宫门称阊阖门，因橡首饰璧玉，亦称璧门。宫门附近有别凤阙，又称折凤阙。北宫门外有圆阙，高25丈，上有铜凤凰。宫东北部有双凤阙，东西并列，相距53米。

据《三辅黄图》记载，建章宫中宫殿建筑很多，号称"千门万户"，有骀荡宫、天梁宫、奇华宫等。主体建筑前殿位于宫城中部偏西处，残存的基址南北320米、东西200米，北部高出地面10余米。

"神明台"是建章宫中有代表性的建筑物，位于宫城西北部。据《三辅黄图》引《庙记》记载，"台高五十丈，为祭金人处，有铜仙人舒掌捧铜盘玉杯，承接雨露"。基址现残高约10米，底部东西52米、南北50米。

建章宫西北部为"太液池",面积151600平方米。《汉书·郊祀志》(下)记载,建章宫"其北治大池,渐台高二十余丈,名曰泰液,池中有蓬莱、方丈、瀛洲、壶梁,象海中神山龟鱼之属"。此池为一人工湖,因湖中筑有三神山而著称。池边有石鱼、石龟等雕刻。

[六、避暑山庄]

中国现存占地最大的古代离宫别苑,建于清代。又称热河行宫、承德离宫,位于河北承德。

沿革 承德地处长城内外交通要冲,清朝开国后,皇帝每年都到木兰围场(在今河北省围场满族蒙古族自治县)行围狩猎。避暑山庄始建于康熙四十二年(1703),康熙四十七年初具规模,扩建从乾隆十六年(1751)一直持续到乾隆五十五年。清朝历代皇帝每逢夏季到此避暑和处理政务,这里便成为第二政治中心。清末国势式微,山庄日益衰废。中华人民共和国建立后,设立管理机构,进行整顿修葺。

避暑山庄正门

布局 承德位于群山环抱之中,有滦河、武烈河流过,峰峦重叠,林木葱郁,盛夏凉爽宜人。山庄内有康熙用四字题名的三十六景和乾隆用三字题名的三十六景。这些风景博采中国各地风景园林艺术风格,使山庄成为各地名胜古迹的缩影。

避暑山庄占地 564 公顷。山庄可分为宫殿区、湖区、平原区和山区。其中山岳约占全园面积 4/5，平原占 1/5。平原中湖泊占面积的一半，主要由热河泉汇聚而成。山庄创造了山、水、建筑浑然一体而又富于变化的园林，其布局立意、造园手法在中国古代营苑中占有重要地位。

宫殿区　避暑山庄的布局运用了"前宫后苑"的传统手法。宫殿区位于山庄南端，包括正宫、松鹤斋、东宫和万壑松风四组建筑群。"正宫"在宫殿区西侧，是清代皇帝处理政务和居住所在。按"前朝后寝"的形制，由九进院落组成。布局严整，建筑外形简朴，装修淡雅。全组建筑基座低矮，梁枋不施彩画，屋顶不用琉璃，与京城巍峨豪华的宫殿大不相同。"松鹤斋"在正宫之东，由七进院落组成，庭中古松耸峙，环境清幽。"万壑松风"为松鹤斋最后一进院落，是乾隆幼时读书处。六幢大小不同的建筑错落布置，以回廊相连，富有南方园林建筑特色。"东宫"在松鹤斋之东，已毁于火，除卷阿胜境殿已修复外，其余仅存基址。

湖区　山庄风景的重点。位于宫殿区之北，被大小岛屿分隔成形式各异、意趣不同的湖面，用长堤、小桥、曲径纵横相连。建筑采用分散布局手法，"园中有园"，每组建筑都形成独立的小天地。在较大的岛屿或地段，布置了严谨四合院式的封

烟雨楼远眺

闭空间，如"月色江声"、"如意洲"，这里是皇帝宴饮和会客的地方；在较小的岛屿或地段，则结合地势布置楼阁，如"金山"、"烟雨楼"等。湖泊区许多景点都具有江南园林特征；但建筑本身又是北方形式，叠石也以北方青石为主，这些都与浑厚的自然景色和谐统一，形成独特的园林风格。整个湖区被远山近岭所环抱，园内山岭屏列于西北部，园外东南部形状奇特的磬锤峰、罗汉山、僧冠峰，隔着武烈河与山庄相望。承德外八庙中的普宁寺、普乐寺、安远庙隐现于群峰之中。这种借景手法，增加景物层次，使湖区景观更为丰富多彩。

避暑山庄平面图

平原区　湖区北岸分布"莺啭乔木"等四座亭，是湖区与平原区的过渡，又是欣赏湖光山色的佳处。其北为辽阔的平原区，过去古木参天，碧草如茵；草丛中驯鹿成群，野兔出没，煞似草原风光。试马埭曾是表演摔跤、进行赛马的地方。万树园原为蒙古牧马场，乾隆时在此搭建蒙古包，宴请少数民族首领和外国使节。

平原西侧山脚下坐落着的文津阁，按照宁波天一阁布局修建，曾珍藏《古今图书集成》和《四库全书》各一部。

山区　山庄西北部，自南向北山峦起伏，松云峡、梨树峪、松林峪、榛子峪等通往山区。这里原有很多园林建筑和大小寺院，均已损毁。现存"锤峰落照"、"南山积雪"和"四面云山"三亭系后来修复，三亭扼守山庄的北、西北、西三面山区。随地势增高，视野不断扩大，不仅可俯瞰湖区景色，且与园外远山呼应。每当夕阳西下，从"锤峰落照"可直望落日余晖中高耸的磬锤峰；至若冬雪初霁，从"南山积雪"可远眺雪中起伏的南部群山；而从"四面云山"则可在淡云薄雾中一览周围崇山峻岭，在不同的时间和条件下构成情趣各异的壮丽图画。避暑山庄及周围寺庙于 1994 年被列入《世界遗产名录》。

避暑山庄内文津阁的"参照物"——天一阁

中国现存最早的私家藏书楼，阁址在浙江省宁波市月湖之西。阁主人为明人范钦，字尧卿，号东明，浙江鄞县（今浙江宁波）人，明嘉靖十一年（1532）进士，历官至兵部右侍郎，生平好学，性喜藏书。嘉靖三十九年，范钦去官归里，开始在宅中建造天一阁，建造年代约在嘉靖中后期。

天一阁是一座两层楼房，上层不分间，通为一厅，以书橱相隔，下层分为六间，寓"天一地六"之义。阁前有天一池，阁后有尊经阁和明州碑林。清代建造的专藏《四库全书》的"文渊阁"等七阁及其命名，就是参考了天一阁的规制。范钦为收集图书，曾遍访藏书名家和各地坊肆，借抄善本，并

天一阁藏书楼（外景）

购藏了明代丰坊万卷楼、袁忠彻静斋等藏书，曾使天一阁藏书达7万余卷。

天一阁藏书有三大特点：一是明代各省的地方志435种，现存271种；二是明洪武、永乐以下各省的登科录、乡试、会试、武举录等科举文献460册，现存370种；三是明代或明以前的碑帖拓片800余种，现存26种。

天一阁藏书之所以能保存久远，是因为有一套严密的保管制度，如建阁之初建立的"代不分书，书不出阁"制度。范钦去世后，子孙相约为例，凡阁橱锁分房掌管，非各房子孙齐至不开锁，并立有"烟酒切忌登楼"等禁碑。天一阁藏书在明末、清代和民国年间，屡遭人为侵夺，如清乾隆修《四库全书》时的访书，1840年鸦片战争，1861年和1924年歹徒的偷盗，多次劫难后藏书仅存1.3万余卷。中华人民共和国建立后，天一阁被列为国家重点文物保护单位，藏书也得到很好的保护、收集与整理，现藏书已达30万卷，其中古籍20万卷，善本书7万余卷，编有《天一阁善本书目》（1980）。

［七、圆明园］

中国清代皇家园林，遗址在北京西北郊。一般所说的圆明园，还包括它的两个附园——长春园和绮春园（万春园）在内，因此又称"圆明三园"。它是清代北京西北郊五座离宫别苑即"三山五园"（香山静宜园、玉泉山静明园、万寿山清漪园、圆明园、畅春园）中规模最大的一座，面积347公顷。咸丰十年（1860），英法联军侵入北京，先是劫掠，继而放火烧毁这座旷世名园，只留下残壁断垣，衰草荒烟。

建园简述　圆明园始建于清康熙四十八年（1709），当时是在康熙皇帝赐给皇四子胤禛的一座明代私园的旧址上建成的。胤禛登位为雍正皇帝后，扩建为皇帝长期居住的离宫。乾隆时期再度扩建，乾隆九年（1744）竣工。以后，又在园

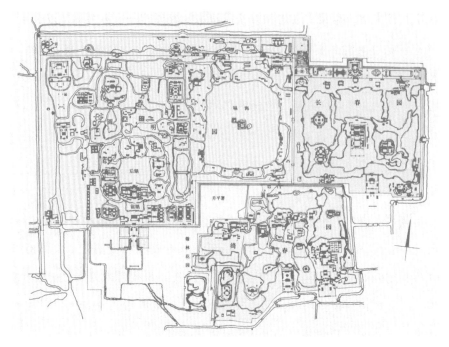

圆明园、长春园、绮春园总平面图

的东侧辟建长春园，在园的东南辟建绮春园，作为附园。乾隆三十七年全部完成，构成三位一体的园群。

山水　圆明园全部由人工起造。造园匠师运用中国古典园林造山和理水的各种手法，创造出一个完整的山水地貌作为造景的骨架。圆明三园之景都以水为主题，因水而成趣。利用泉眼、泉流开凿的水体占全园面积的一半以上。大水面如福海宽600多米；中等水面如后湖宽200米左右；众多的小型水面宽40～50米，作为水景近观的小品。回环萦绕的河道又把这些大小水面串联为一个完整的河湖水系，构成全园的脉络和纽带，并供荡舟和交通之用。叠石而成的假山，聚土而成的岗阜，以及岛、屿、堤等分布于园内，约占全园面积的1/3。它们与水系相结合，构成了山重水复、层叠多变的百余处园林空间。

乾隆皇帝六次到江南游览名园胜景，凡是他所中意的景致都命画师摹绘下来作为建园的参考。因此，圆明园得以在继承北方园林传统的基础上广泛地汲取江南园林的精华，成为一座具有极高艺术水平的大型人工山水园。

建筑　圆明园内有类型多样的大量建筑物，虽然都呈院落的格局，但配置在那些山水地貌和树木花卉之中，就创造出一系列丰富多彩、格调各异的大小景区。这样的景区总共有150多处，主要的如"圆明园四十景"、"绮春园三十六景"，都由皇帝命名题署。园内的建筑物一部分具有特定的使用功能，如宫殿、住宅、庙宇、戏院、藏书楼、陈列馆、店肆、山村、水居、船埠等，但大量的则是供游憩宴饮的园林建筑。除极少数的殿堂、庙宇之外，一般外观都很朴素雅致、少施彩绘，与园林的自然风貌十分协调，但室内的装饰、装修、陈设极为富丽，以适应帝王穷奢极侈的生活方式。

圆明园作为皇帝长期居住的地方，兼有"宫"和"苑"的双重功能。因此，在紧接园的正门建置一个相对独立的宫廷区，包括帝、后的寝宫，皇帝上朝的殿堂，大臣的朝房和政府各部门的值房，是北京皇城大内的缩影。

景区　圆明园内的150多处景区各具特色。有仿效江南山水名胜的，福海沿岸模拟杭州西湖十景，"坐石临流"仿自绍兴兰亭；有取古人诗画意境的，如"武

圆明园

陵春色"取材于陶渊明的《桃花源记》；有表现神仙境界的，如"蓬岛瑶台"寓意神话中的东海三神山；有象征封建统治的，如九岛环列的后湖代表禹贡九州，体现"普天之下，莫非王土"；有利用异树、名花、奇石作为造景主题的，如"镂月开云"的牡丹、"天然图画"的修竹等。这些主题突出、景观多样的景区，大多数造成"园中之园"，它们之间均以筑山或植物配置作障隔，又以曲折的河流和道路相连，引导人从一景走向另一景。"园中有园"是中国古典园林中的一种独特布局形式，圆明园在这方面可算是佳例。

长春园北部有一个特殊的景区，俗称"西洋楼"，包括远瀛观、海晏堂、方外观、观水法、线法山、谐奇趣等，是由当时以画师身份供职内廷的欧洲籍天主教传教士设计监造的一组欧式宫苑。六幢主要建筑物为巴洛克风格，但在细部装饰方面也运用许多中国建筑手法。三组大型喷泉、若干小喷泉和绿地、小品则采取勒诺特尔式的庭园布局。这是在中国宫廷里首次成片建造的外国建筑和庭园。

圆明园不仅在当时的中国是一座最出色的行宫别苑，乾隆皇帝誉之为"天宝地灵之区，帝王游豫之地无以逾此"，并且还通过传教士的信函、报告的介绍而蜚声欧洲，对18世纪欧洲自然风景园的发展产生过一定的影响。

[八、静宜园]

中国清代的行宫御苑，位于北京西北郊的香山。香山为北京西山山系的一部分，主峰香炉峰，俗称"鬼见愁"，海拔557米。南北侧岭的山势自西向东延伸递减成环抱之势，景界开阔，可以俯瞰东面的平原。

金大定二十六年（1186）建香山寺，虽明代又有许多佛寺建成，但仍以香山寺最为宏丽，香山因此而成为北京西北郊的一处风景名胜区。清康熙年间（1662～1722），香山寺及其附近建成"香山行宫"。乾隆十年（1745）加以扩建，翌年竣工，改名"静宜园"。这座以自然景观为主、具有浓郁的山林野趣

《中国大百科全书》普及版◎ 不穷之景——园林情韵

buqiongzhijing yuanlinqingyun

的大型园林包括内垣、外垣、别垣三部分，占地约 153 公顷。园内的大小建筑群共 50 余处，经乾隆皇帝命名题署的有"二十八景"。

北京香山静宜园见心斋

内垣接近山麓，为园内主要建筑荟萃之地，各种类型的建筑物如宫殿、梵刹、厅堂、轩榭、园林庭院等，都能依山就势，成为天然风景的点缀。外垣是静宜园的高山区，建筑物很少，以山林景观为主调，这里地势开阔而高峻，可对园内外的景色一览无遗。外垣的"西山晴雪"为著名的"燕京八景"之一。别垣内有见心斋和昭庙两处较大的建筑群。园中之园见心斋始建于明代嘉靖年间（1522～1566），庭院内以曲廊环抱半圆形水池，池西有三开间的轩榭。斋后山石嶙峋，厅堂依山而建，松柏交翠，环境幽雅。昭庙是一所大型佛寺，全名"宗镜大昭之庙"，乾隆四十五年（1780）为纪念班禅六世来京朝觐而修建，兼有汉族和藏族的建筑风格。庙后矗立着一座造型秀美、色彩华丽的七层琉璃砖塔。

静宜园于清咸丰十年（1860）和光绪二十六年（1900）两次遭受外国侵略军的焚掠、破坏之后，原有的建筑物除见心斋和昭庙外，都已荡然无存。但它的山石泉水、奇松古树所构成的自然景观，仍然美不胜收。春夏之际，林木蓊郁，群芳怒放，泉流潺潺；秋高气爽之时，满山红叶，层林尽染，尤为引人入胜。

北京香山红叶

[九、颐和园]

中国清代的行宫御苑，在北京的西北郊。原名清漪园，始建于清乾隆十五年（1750），历时15年竣工，是清代北京"三山五园"（香山静宜园、玉泉山静明园、万寿山清漪园、圆明园、畅春园）中最后建成的一座。咸丰十年（1860）被英、法侵略军焚毁。光绪十二年（1886）开始重建，光绪十四年改名颐和园，光绪二十一年工程结束，是慈禧太后挪用海军经费修建的。光绪二十六年又遭八国联军破坏，翌年修复。1998年作为文化遗产被列入《世界遗产名录》。全园占地约290公顷，划分为宫廷区和苑林区两部分。

宫廷区 颐和园是当时"垂帘听政"的慈禧太后长期居住的离宫，兼有宫和苑的双重功能。因此，在进园的正门内建置一个宫廷区作为接见臣僚、处理朝政的地方。宫廷区由殿堂、朝房、值房等组成多进院落的建筑群，占地不大，相对独立于其后的面积广阔的苑林区。

苑林区 以万寿山、昆明湖为主体。万寿山东西长约1000米，高60米。昆明湖水面约占全园面积的78%，湖的西北端绕过万寿山西麓而连接于北麓的"后湖"，构成山环水抱的形势，把湖和山紧密地连成一体。昆明湖是清代皇家诸园中最大的湖泊，湖中一道长堤——西堤，自西北逶迤向南。西堤及其支堤把湖面划分为三个大小不等的水域，每个水域各有一个湖心岛。这三个岛在湖面上成鼎足而峙的布列，象征着中国古老传说中的东海三神山——蓬莱、方丈、瀛洲。西堤以及堤上的六座桥是有意识地模仿杭州西湖的苏堤和"苏堤六

颐和园谐趣园

《中国大百科全书》普及版 ◎ 不穷之景——园林情韵

buqiongzhijing yuanlinqingyun

颐和园昆明湖

桥"。西堤一带碧波垂柳，自然景色开阔，园外数里的玉泉山秀丽山形和山顶的玉峰塔影排闼而来。从昆明湖上和湖滨西望，园外之景和园内湖山浑然一体，这是中国园林中运用借景手法的杰出范例。湖区建筑主要集中在三个岛上。湖岸和湖堤绿树荫浓，掩映潋滟水光，呈现一派富于江南情调的近湖远山的自然美。

　　万寿山的南坡（即前山）濒临昆明湖，湖山联属，构成一个极其开朗的自然环境。这里的湖、山、岛、堤及其上的建筑，配合着园外的借景，形成一幅幅连续铺展、如锦似绣的风景画卷。从湖岸直到山顶，一重重华丽的殿堂台阁将山坡覆盖住，构成贯穿于前山上下的纵向中轴线。这组大建筑群包括园内主体建筑物——帝、后举行庆典朝会的"排云殿"和佛寺"佛香阁"。佛香阁高约 40 米，雄踞于石砌高台之上，成为整个前山和昆明湖的总绾全局的构图中心。与中央建筑群的纵向轴线相呼应的是横贯山麓、沿湖北岸东西逶迤的"长廊"，共 273 间，全长 728 米，这是中国园林中最长的游廊。前山其余地段的建筑体量较小，自然而疏朗地布置在山麓、山坡和山脊上，镶嵌在葱茏的苍松翠柏之中，用以烘托端庄、典丽的中央建筑群。

　　后湖的河道蜿蜒于万寿山北坡即后山的山麓。造园匠师巧妙地利用河道北岸与宫墙的局促环境，在北岸堆筑假山障隔宫墙，并与南岸的真山脉络相配合而造成两山夹一水的地貌。河道的水面有宽有窄，时收时放，泛舟后湖给人以山复水回、柳暗花明之趣，成为园内一处出色的幽静水景。

后山的景观与前山迥然不同，是富有山林野趣的自然环境，林木翁郁，山道弯曲，景色幽邃。除中部的佛寺"须弥灵境"外，建筑物大都集中为若干处自成一体，与周围环境组成精致的小园林。后湖中段两岸是乾隆时模仿江南河街市肆而修建的"买卖街"遗址。后山的建筑除谐趣园和霁清轩于光绪时完整重建之外，其余都残缺不全，只能凭借断壁残垣依稀辨认当年的规模。谐趣园原名惠山园，是模仿无锡寄畅园而建成的一座园中园。全园以水面为中心，以水景为主体，环池布置清朴雅洁的厅、堂、楼、榭、亭、轩等建筑，曲廊连接，间植垂柳修竹。池北岸叠石为假山，从后湖引来活水经玉琴峡沿山石叠落而下注于池中。流水叮咚，以声入景，更增加这座小园林的诗情画意。

20世纪80年代以来，园内一些重要景点遗址陆续得以恢复，如后山的买卖街、澹宁堂、西堤上的景明楼、湖西岸的耕织图等，更增加了园景整体的魅力。

[十、三海（北海、中海、南海）]

中国现存历史悠久、规模宏大、布置精美的宫苑之一。位于北京故宫和景山的西侧，三海是北海、中海、南海的合称。明清时期，北海与中海、南海因在皇宫之西，合称为西苑。北海于辛亥革命后的1925年辟为北海公园，对外开放，中华人民共和国建立后曾拨巨资修葺，1961年定为全国重点文物保护单位。

沿革　三海的历史可溯源到10世纪的辽代，当时称为瑶屿。它是辽南京城北郊的游乐之地。

金代　1153年，金代以辽南京城为都城，称中都。金大定十九年（1179），在今北海所在地大兴土木，建造了许多精美的离宫别苑，先名大宁宫，后更名为万宁宫，建筑规模相当宏大。当时园林的布局情况大体是以琼华岛为中心，在岛上和海子周围修造宫苑，其位置相当于今天北海和团城部分。据文献记载，金代经营琼华岛时缺少太湖石，特从汴京（开封）拆取艮岳的太湖石来修筑琼华岛。

元代　以金代的海子、琼华岛为中心建大都，于是这里便成了皇城中的禁苑，称为上苑。经过多年经营，到至正八年（1348），山赐名万寿山（又称万岁山），水赐名太液池。在仪天殿（今北海团城）的南面，太液池南部水中，有一小屿，名墀天台。整个太液池的位置大体相当于现在的北海和中海范围。

明代　在元代禁苑基础上进行了扩建，奠定了现在三海的规模。明朝初叶只是对广寒殿、清暑殿和琼华岛上的一些建筑稍加修葺。天顺年间对西苑进行较大规模的扩建：开辟南海，扩充了太液池的范围，完成三海的布局；填平了仪天殿与紫禁城之间的水面，砌筑了团城；在琼华岛上和太液池沿岸增添了许多新建筑物。

清代　对西苑又作了许多新建和改建。重要的营建有两次。顺治八年（1651）拆除了琼华岛山顶的主体建筑广寒殿和四周的亭子，修建了巨型喇嘛塔和佛寺，并将万岁山改名为白塔山。乾隆年间，除了对北海琼华岛（白塔山）的大部分建筑物进行重修以外，扩展了北海东岸、北岸并营造了许多建筑。在明朝时期比较富于自然景色的南海南台（即今瀛台）以及中海东岸地区修建了宫殿楼阁和庭院幽谷。现在整个三海的格局和园林建筑，主要是乾隆时期完成的。后来虽屡有修葺，只是在个别的地方有所增减。

北海白塔

　　园林布局　三海的规模自明代开辟了南海以后，就形成了一个纵贯皇城南北的袋状水域。以太液池上的两座石桥划分为三个水面：金鳌玉蝀桥以北为北海，蜈蚣桥以南为南海，两桥之间为中海。历史上三海和西苑两个名称一直并用，而中海和南海紧密相依，常常合称为中南海。三海总体布局继承了中国古代造园艺术的传统：水中布置岛屿，用桥堤同岸边相连，在岛上和沿岸布置建筑物和景点。全园面积166公顷，水面占一半以上，景观开阔。琼岛耸立于北，瀛台对峙于南，长桥卧波，状若垂虹。岛上山石和各种建筑物交相掩映，组成一个整体。许多景点高低错落，疏密相间，点缀其中。

　　北海　北海主要景物以白塔山为中心。琼岛上布置了白塔、永安寺、庆霄楼、漪澜堂、阅古楼和许多假山、邃洞、回廊、曲径等建筑物，有清乾隆帝所题燕京八景之一的"琼岛春阴"碑石和模拟汉代建章宫设置的仙人承露铜像。北海东北岸有画舫斋、濠濮间、静心斋、天王殿、五龙亭、

仙人承露铜像

小西天等园中园和佛寺建筑；其南为屹立水滨的团城，城上葱郁的松柏丛中有一座规模宏大、造型精巧的承光殿。

　　中海　主要景物有紫光阁、蕉园和孤立水中的水云榭。此榭原为元代太液池中的墀天台旧址，现在还存有清乾隆帝所题燕京八景之一的"太液秋风"碑石。

　　南海　主要景物有瀛台，台上为一组殿阁亭台、假山廊榭所组成的水岛景区。重要的建筑物有翔鸾阁、涵元殿、香扆殿、藻韵楼、待月轩、迎薰亭等。瀛台东现有石桥通达岸边。此外，还有丰泽园和静谷，是园中之园，尤以静谷的湖石假山的堆叠手法高超。

　　艺术评价　三海自辽金以来连绵不辍地经营，历史文献记载丰富，现在大多

中南海静谷假山及铺路

数尚有遗迹可寻。清代乾隆时的建筑、山石和园林布局，现在还基本保存完整（仅中南海有较多的改变），这是其他宫苑以至私家园林所少见的。三海的园林艺术继承了中国的传统造园技艺并有所发展和创新。园中有园、园内外借景等布局手法都有巧妙的应用。园中栽植的花草树木除翠柏青松之外，还有各种名花奇草，品类繁多。三海中琼华岛金代的艮岳遗石，广寒殿里元代的巨大玉瓮，明代的团城，以及树龄八九百年的苍松翠柏等，都是北京城发展史的可贵见证。

第四章 江南园林

［一、苏州名园］

中国古典园林中最具有代表性的一批杰作。苏州园林的发展，要比中原略迟。有关皇家苑、囿的记载，苏州园林中以春秋吴王夫差的姑苏台为最早；有关私家园林的记载，以东晋吴郡顾辟疆园为最早。唐宋时期，苏州园林的兴建日益增多，宋代有苏舜钦的沧浪亭，范成大的石湖等。明清时期，建园之风甚盛，造园艺术也达到空前的水平。截至21世纪初，遗留的园林实物多属这一时期。苏州园林的发达，同江南水乡的优越自然条件以及当地经济、文化的繁荣有着密切联系。

20世纪60年代初，苏州市遗存的园林庭院，尚有186处之多，名

拙政园中部水面

园 10 余处，其中拙政园、留园、网师园、环秀山庄、沧浪亭、狮子林、退思园、耦园、艺圃 9 座园林于 1997 年和 2000 年作为苏州古典园林的组成部分列入《世界遗产名录》。

环秀山庄湖石假山

环秀山庄　相传为宋时乐圃故址，后改景德寺。清乾隆时建为私园，道光末属汪氏宗祠耕荫义庄，俗称汪义庄，又称颐园。现面积仅一亩余，大部为石假山所据，假山出自乾隆间叠山名家戈裕良之手，就叠山技巧和艺术水平而言，为苏州诸园之冠。假山以湖石构成峭壁、危崖、幽谷、岩洞、飞梁、曲磴等，变化错综，组合巧妙，使人如临真山野壑。砌叠注重石质纹理，石洞洞顶和洞口，皆用大小石块相互勾带，券拱结构，浑然一体，宛若天成。

怡园　为清光绪年间所建，园西旧为祠堂，园南可通住宅。因建园较晚，吸收了诸园所长，如复廊、鸳鸯厅、假山、石室等。全园面积约 9 亩，以复廊划为东、西两部。

东部以庭院、建筑为主。入门循曲廊南行折向西北，至四时潇洒亭，廊由此分为两路：西行经玉虹亭、石舫、锁绿轩，出复廊北端小院洞门，达西部北端石山；南下至坡仙琴馆、拜石轩。后者为东部主要建筑，以北院立有湖石奇峰而命名，又因南院植竹、柏、山茶，严冬不凋，故又称岁寒草庐。

西部以东西向的水池为中心，池南有鸳鸯厅，北称藕香榭，又名荷花厅，南称锄月轩，又名梅花厅。盛夏可自平台赏荷观鱼，严冬经暖阁寻梅望雪。池北岸假山以湖石砌为石屏、磴道、花台等，又建有金粟、小沧浪二亭。山西端渐高，下构石洞，上有小亭，玲珑精巧。池西尽处有装修华丽的旱船画舫斋。

耦园　因寓夫妻相与啸吟终老，故名。有东、西二园。东园始建于清初，原

《中国大百科全书》普及版◎ 不穷之景——园林情韵　buqiongzhijing yuanlinqingyun

名涉园，后扩建而成目前局面。住宅大门在南，经门厅、轿厅，至大厅前西墙小门，即可进入西园。园中主厅为织帘老屋，南北各有庭院，都置假山。北院东北隅有藏书楼，与住宅相通，是书室与庭院结合较好的范例。东园面积较西园约大一倍，西北置石

耦园黄石假山——"邃谷"

假山，东南为水池。北端主厅城曲草堂，为一重檐楼屋，下有主厅三间，上为重楼复道，与住宅毗连，为苏州园林的罕例。堂前的黄石假山堆叠手艺高超。分为东西两部：东部较大，有石级可登临池石壁，气势峭伟；西部较小，逐渐下降，两山间为"邃谷"，宽仅一米余。池水形状狭长，自北而南，有水阁跨于水上。阁内有岁寒三友落地罩，形制大，琢刻精，有"罩王"之称。西有长廊，曲折通向东南隅的听橹楼，登楼可观园外景色。

艺圃 原为明文震孟（文徵明曾孙）的药圃，清初改现名，又称敬亭山房。面积约5亩，现大致仍保持明末清初的旧貌。艺圃平面略呈南北狭长的矩形，北端为庭院，由主厅博雅堂和水榭组成；中央凿池，面积约1亩，为全园中心，水面集中；东南、西南各有水湾一处，上构低平石桥。除北端水榭驳岸外，其余池岸均曲屈自然，而池面则因近旁为低小建筑而显得开阔，取网师园手法。池南叠假山，构桥亭，西南置小院一所。

池北岸的五间水榭，低浮于碧波之上，两侧有附属建筑。这些建筑占据池北全部立面，这在苏州园林中甚为少见。池南临水置石矶，其后堆土山，山近水一面以湖石砌直壁危径。西南以墙隔作旁院，引水湾入内为小池，石山也延脉至此。院西方厅两间，周列湖石，种植山茶、辛夷，别有洞天。池东南的乳鱼亭，为明代遗构，其旁边的缓曲石桥，也属建园初期作品。

拥翠山庄 在虎丘云岩寺二山门内，建于清光绪年间，面积约1亩余，系利

用山势，自南往北而上，共四层。入口有高墙和长石阶，过前厅抱瓮轩，由后院东北角拾级而上，至问泉亭，由此可俯览二山门和东面景物。西侧倚墙有月驾轩和左右小筑二间，玲珑小巧。循曲磴北上为主厅灵澜精舍，此厅的前面和东侧都有平台，是园中最佳观景处。灵澜精舍与其后的送青簃组成一区院落，布局简单整齐。经厅西侧门，可至虎丘塔下。此园无水，但依凭地势高下，布置建筑、石峰、磴道、花木，曲折有致，又能借景园外，近观虎丘，远眺狮子山，是在风景区中营建园林的一个较成功的实例。

畅园　面积约 1 亩余。平面布局是中央凿池，周边环以建筑，是苏州中小园林常用手法，空间配置紧凑，景物层次丰富，在同类园林中具有代表性。从园门入桂花厅，经小院至桐华书屋，全园即展现眼前。水池面积占全园 1/4，岸缘围以湖石。南端架五折石板桥一座，分池面为二。沿岸疏植白皮松、紫薇、石榴、木樨等花木。顺东墙向北，经六角形延晖成趣亭和方形憩间亭，走廊蜿蜒起伏，傍水依垣，其间点缀竹石小品，增益情趣。穿越北岸方亭，即至主厅留云山房。厅前平台临池，亦为园中主要观赏点之一。由西廊南行，至船厅涤我尘襟，厅东侧面池，与憩间亭相对。再南即可登西南隅的石假山，山巅有待月亭，是全园最高处。自亭内沿石磴穿石洞下山，或循南端斜廊回桐华书屋。

壶园　布局以水池为中心，水池南北各建一厅，东侧沿墙建走廊。北厅较大，凌于池上，东廊的六角亭亦临波而构。池岸低下，有助于形成水面开阔感。池西院墙高兀，上有漏窗数处，墙面藤萝攀缘，墙下置花台、石峰、竹树等，使单调的墙垣富有生机。园内竹树茂密，形成重叠的层次，优美的构图，弥补了小园空间狭仄的不足。

残粒园　建于清末。由住宅经圆洞门"锦窠"入园，迎面有湖石峰为屏障。中央建水池，缘岸叠湖石和石矶。沿墙置花台，种桂、蔷薇等花木，壁面亦布满薜荔。园西依山墙叠黄石山，最高处在西北隅，山顶有栝苍亭。此亭为园内唯一木建筑，两面临池，一面依住宅山墙，并辟门与楼厅相通。亭内设坐榻、壁柜、博古架和鹅颈椅，而通下部石洞的磴道，宛转穿越坐榻之下。此园平面之紧凑，空间利用之充分，景物比例之恰当，可谓匠心独具。

西园　本为明嘉靖时太仆寺卿徐时泰的西园，后舍为寺，寺内有五百罗汉塑像。明末改戒幢律院，园仍属寺。清咸丰年间，寺园俱毁，光绪十八年重建，现西园包括寺及其花园。西园面积约 10 亩，以水池为中心，平面呈刀形。池岸大半平直。池中有一座重檐八角亭，两端以曲桥接岸。池东有五间的大厅，名"苏台春满"，周有行廊。厅南有复廊一道，廊东院内叠假山，上置六角亭两座。循廊南向转东，经另区小院，即出园外。此园为苏州现存寺观所属园林中规模最大的，水面辽阔，林木苍郁，布局简单，是寺庙园林的代表作。

[二、拙政园]

中国苏州古典园林。明正德八年（1513）前后，王献臣用大宏寺的部分基地造园，用晋代潘岳《闲居赋》中"拙者之为政"句意为园名。现园大体为清末规模，面积约 62 亩，分为东区（原"归田园居"）、中区（原"拙政园"）、西区（原"补园"）三部分。1961 年定为全国重点文物保护单位。1997 年作为苏州古典园林的组成部分列入《世界遗产名录》。

拙政园梧竹幽居亭

拙政园

　　东区　面积约31亩,现有景物大多为新建。园的入口设在南端,经门廊、前院、过兰雪堂,即入园内。东侧为面积旷阔的草坪,坪西堆土山,上有木构亭,四周萦绕流水,岸柳低垂,间以石矶、立峰,临水建有水榭、曲桥。西北枫杨成林,林西为秫香馆(茶室)。再西有一道依墙的复廊,上有漏窗透景,又以洞门数处与中区相通。

　　中区　全园精华所在,面积约18.5亩,其中水面占1/3。水面有分有聚,临水建有形态各不相同、位置参差错落的楼台亭榭多处。

　　主厅远香堂为原园主宴饮宾客之所,四面长窗通透,可环览园中景色。厅北有临池平台,隔水可欣赏岛山和远处亭榭;南侧为小潭、曲桥和黄石假山;西循曲廊,接小沧浪廊桥和水院;东经圆洞门入枇杷园,园中以轩廊小院数区自成天地,外绕波形云墙和复廊,内植枇杷、海棠、芭蕉、桂花、竹等花木,建筑处理和庭院布置都很雅致精巧。

　　中区北部池中列土石岛山两座。石岸间杂植芦苇、菖蒲,与丘岗上的丛莽藤蔓相呼应,富有山林野趣。山巅各建小亭,周旁遍植竹木,夏日鸟鸣蝉噪,为消暑胜地。

西北有见山楼，四面环水，有桥廊可通，传为太平天国忠王李秀成筹划军机之处。登楼可远眺虎丘，借景于园外。水南置旱船，前悬文徵明题"香洲"匾额。登后楼亦可高瞻远望，水东有梧竹幽居亭。池水曲折流向西南，构成水院"小沧浪"，这里廊桥亭榭，檐宇交参，枝叶掩映，曲邃深远。附近有玉兰堂，小院种植玉兰、天竺，环境幽雅。由此循西廊北上，至半亭"别有洞天"，穿洞门至西区。

西区　面积约12.5亩，有曲折水面和中区大池相接。建筑以南侧的鸳鸯厅为最大，方形平面带四耳室，厅内以隔扇和挂落划分为南北两部，南部称"十八曼陀罗花馆"，北部名"三十六鸳鸯馆"，夏日用以观看北池中的荷叶水禽，冬季则可欣赏南院的假山、茶花。池北有扇面亭——"与谁同坐轩"，造型小巧玲珑。北山建有八角二层的浮翠阁，亦为园中的制高点。东北为倒影楼，同东南隅的宜两亭互为对景。

[三、网师园]

中国苏州古典园林。原为南宋史正志万卷堂故址，称"渔隐"，后废。清乾隆时重建，因园毗邻王思巷，取其谐音，称网师园。乾隆末园废，后为瞿远村所有，并按照原来的规模加以修葺，改称瞿园。清光绪十一年（1885）被李鸿裔占有。中华民国时，叶恭绰、张善子、张大千等曾居住过。1958年苏州市园林管理处按瞿园原貌修复，复称网师园。1982年定为全国重点文物保护单位。1997年作为苏州古典园林的组成部分列入《世界遗产名录》。

此园以布局紧凑，建筑精巧和空间尺度比例协调而著称，是苏州中型园林的代表。全园分为两区，东为住宅区，西为花园。住宅区有轿厅、轿夫腰房、积善堂、撷秀楼等建筑。花园以水院的形式布置，建筑排列水边，形成闭合空间。水池东

苏州网师园

南和西北各有一条曲折延伸的水湾，池岸叠成洞穴，使池面有水广波延、源头不尽之意。园内木结构建筑与门窗隔扇精雕细刻，各厅堂均筑明瓦漏窗，窗外叠砌假山，散种花卉。如园西部的殿春簃是一座精巧的庭园，北面有书房，南有冷泉亭及涵碧泉，峰石峙列，树木疏朗。1981 年 6 月，中国为美国大都会艺术博物馆所建"明轩"，即仿照殿春簃建造。

[四、沧浪亭]

中国苏州古典园林。在苏州现存诸园中历史最为悠久。

五代吴越国时期为王公贵族别墅。北宋苏舜钦购作私园，1045 年在水边建沧浪亭，作《沧浪亭记》，园名大著。后几度易主，元明时期园废，改作佛庵。清康熙时重建，始有今日规模。

此园的特点是水面在园区以外，园内以土石山为中心，建筑环山布置，漏窗式样和图案丰富多彩，古朴自然。

从北门渡石桥入园，两翼修廊逶迤，中央山丘石土相间，林木森郁。沿西廊南行，至西南小院，有枫杨数株，大可合抱，巨干撑天，枝繁叶茂，院墙表面嵌有多幅雕砖，刻画历史人物故事。东侧为清香馆和五百名贤祠。祠建于道光七年，内壁嵌砌本地历代名人线刻肖像及小传数百。再南有厅屋翠玲珑和看山楼，环境清幽。由此折东，为明道堂一组庭院，此堂为园中最大建筑，格局严整。堂北山巅绿荫丛中，有石柱方亭名沧浪亭。下山有复廊，景通内外，复廊外侧临水。还有小亭观鱼处和厅屋面水轩，可俯览园外水景。

沧浪亭（清光绪九年石刻，原载《江南园林志》）

苏舜钦

中国北宋诗人。字子美。原籍梓州铜山（今四川中江），自曾祖时移居开封。他是北宋诗文革新的重要作家，与欧阳修、梅尧臣齐名，时称"欧苏"或"苏梅"。以父荫补太庙斋郎，调荥阳尉。景祐元年（1034）进士及第，历知蒙城、长垣县。苏舜钦在政治上倾向于以范仲淹为首的改革派。庆历三年（1043）以范仲淹举荐，召试，授集贤殿校理，监进奏院。庆历四年十一月，以卖废纸钱为祀神酒会，被反对改革的王拱辰诬奏为"监主自盗"，罢官为民。庆历五年，南下苏州，筑沧浪亭以居。庆历八年复官为湖州长史，未赴任而卒。

舜钦慷慨有大志，喜好古文，不受当时西崑体浮艳诗风的束缚，与穆修等致力于古文创作。其文学思想的基本观点是"原于古，致于用"（《石曼卿诗集序》），强调言必归于道义，而文不以雕琢害正："言也者，必归于道义；道与义，泽于物而后已，至是则斯为不朽矣。故每属文，不敢雕琢以害正。"（《上三司副使段公书》）

其文学创作活动大致以削籍为民为界，分为两个时期。前期为积极参政时期，其诗文具有浓厚的政治色彩，往往就当时的政治事件或社会现实直抒己见，文笔犀利，议论激烈，以雄豪奔放为特色。其上皇帝书和上执政大臣书，打破骈四俪六的束缚，抨击弊政，要求改革，是富有战斗性的政论文。诗歌如《感兴》第三首，就林姓书生上书获罪的事件对统治者堵塞言路的残暴手段进行揭露和抨击。《庆州败》诗叙述宋军与西夏战争失利，指斥宋军将帅怯懦无能、士兵技艺荒疏。《吾闻》抒发了他梦寐不忘保卫边疆的壮志："予生虽儒家，气欲吞逆羯。斯时不见用，感叹肠胃热。昼卧书册中，梦过玉关阙。"《己卯冬大寒有感》、《城南感怀呈永叔》、《吴越大旱》等五言长篇，深刻反映了天灾人祸交加、阶级矛盾和民族矛盾交织的社会现象，对广大人民的苦难倾注了同情。

从获罪至去世的四年多时间为后期，作品数量几与前期相等，政治色彩减弱，寄情山水之作增多，思想更加深沉，形成一种沉郁顿挫、恬适清新的风格。散文《沧浪亭记》描写沧浪亭的幽美风景，抒发闲适自如的生活情趣，隐约表现出对自己所受打击的愤懑之情。这一时期的一些诗歌，如《淮中晚泊犊头》、《初晴游沧浪亭》、《独步游沧浪亭》、《夏意》，描绘江南旖旎风光，清新别致，具有唐人绝句的风韵。但他并没有真正忘怀于世事，像散文《答韩持国书》和诗歌《遣闷》、《淮中风浪》、《夏热昼寝感咏》等，都暴露了世态的炎凉和政治的黑暗，抒发了蒙冤受害、壮志难酬的悲愤。

其诗在当时与梅尧臣齐名，但诗风与梅尧臣有别，欧阳修《六一诗话》评论："（梅）圣俞、子美齐名于一时，而二家诗体特异：子美笔力豪隽，以超迈横绝为奇；圣俞覃思精微，以深远闲淡为意。"南宋刘克庄也称"苏子美歌行雄放于圣俞，轩昂不羁"（《后村诗话》前集卷二）。《宋史·苏舜钦传》说他"时发愤懑于歌诗，其体豪放，往往惊人"。但也有一部分诗粗率生硬，缺乏含蓄意蕴。

苏舜钦文集为欧阳修所编，现存《苏学士集》16卷，有清康熙三十七年刊本、《四库全书》本。今人整理本有沈文倬《苏舜钦集》（上海古籍出版社，1981），杨重华《苏舜钦诗诠注》（重庆出版社，1987），傅承骧、胡向涛《苏舜钦集编年校注》（巴蜀书社，1991）。

[五、留园]

中国苏州古典园林。原为明嘉靖时太仆寺卿徐时泰的东园，清嘉庆时刘恕改建，称寒碧山庄，俗称刘园，当时以有造型优美的湖石峰十二座而著称。经太平天国之役，苏州诸园多毁于兵燹，而此园独存。光绪初年易主，改名留园。1961年定为全国重点文物保护单位。1997年作为苏州古典园林的组成部分列入《世界遗产名录》。留园大致分为：中区（旧寒碧山庄）、东区、北区、西区4区。

中区　留园入口在留园路北侧，沿曲狭走廊和天井北行至绿荫轩，透过漏窗隐约可见中区园景。中区中部有一水面，以曲桥和小蓬莱岛划为东西两部分。池西北岸叠黄石假山，系出自明代周时臣之手。建筑依墙作周边式布置，主要建筑为东、南两面的清风池馆至涵碧山房一带。主厅为涵碧山房，与邻近的明瑟楼、绿荫轩高下错落，形成虚实对比。池东的曲溪楼高二层，下层辟空窗和洞门，打破了厚墙的沉重感。再向北，经西楼，即至东侧的五峰仙馆，此馆为楠木结构，内部装修陈设华丽，是苏州现存最大的厅堂。厅南、北各有一院，南院中立有石峰五座，厅因以为名。厅东有数进小院，轩低廊曲，形体各异。

东区　以曲院回廊见胜。中部为鸳鸯厅——林泉耆硕之馆，柱梁装修精致。北面为浣云沼水池，后面有三座石峰。冠云峰居中，高5.6米，相传为宋"花石纲"

旧物。两旁的瑞云、岫云二峰，也很劲秀。峰北有冠云楼，高二层，登楼可观园外景色。

北区　建筑全毁，现植有竹、李，并辟有盆景园。

西区　有南北向的土阜，为全园最高处。上有小亭两座，可遥望虎丘、天平、上方诸山。土阜上植青枫、银杏，秋季满山红黄相映。

[六、狮子林]

狮子林扇子亭

中国苏州古典园林。元末至正年间（1341～1367）天如禅师建，初名狮林寺，后改菩提正宗寺。因寺北园内竹林下多怪石，形似狮子，故又称狮子林。清末为贝氏祠堂的花园。现园主要建筑集中于东、北两面，西、南两面则缀以走廊。水面汇集于中央，著名的石假山则位于池东南。园内主厅燕誉堂和后面的小方厅，原是园主宴客之处，采用留园鸳鸯厅的形式。前院施"花街铺地"，南端设湖石花台，环境幽雅宁静。自小方厅北上折西，至指柏轩，为园内另一主要建筑，高二层，形体较大。越过厅南小池上石拱桥，即达石假山。石假山全由湖石砌成，奇峰林立，其中洞壑宛转，石径迂回，上下周旋，如入迷宫。园西土山砌溪涧三叠，上有飞瀑亭，可观赏人工瀑布，水自水池经山石流入深涧，虽流量不大，仍不失为园林理水中具有特色的手法。

池北以曲桥和湖心亭划分水面。西北隅有石舫一艘，外观非中国传统式样，与周围景物颇不协调。池北岸依次排列荷花厅、真趣亭和暗香疏影楼，都是园中主要观景之处，本身造型亦颇有特点。东南构复廊，通立雪堂和小院。

[七、退思园]

中国苏州古典园林。又称任家花园。在吴江市同里镇，是以山石、建筑、花木皆紧贴水面而著名的宅园，俗称贴水园。园主任兰生，于清光绪十一年（1885）遭弹劾，退职回乡后，邀同里画家袁龙参加擘画，营建此园。园名有"退则思过"之意。园落成于光绪十三年，包含住宅、中庭和宅园。2000年作为苏州古典园林的组成部分列入《世界遗产名录》。

住宅位于西部。门外对八字形影壁，进门有门厅（兼轿厅）、茶厅、花厅三进。过避弄向东进入内宅，主体是十楼十底的走马楼，并附有下房五间。

出内宅的东腰门是古木参天的中庭。庭院北部坐北朝南为面阔六间的坐春望月楼。楼上东端连接揽胜阁，已伸入到宅园一角，登阁可眺望全园景色。中庭南部并列岁寒居和迎宾室，西部设一画舫式船厅，东部叠一座大型假山，互为对景。

退思园

　　宅园在中庭以东，有月洞门相通。门洞上面两边各有砖刻题额为"得闲小筑"和"云烟锁钥"。进入园中，迎面是三面临水的水香榭，可看到园中心的荷花池。环池亭、台、堂、榭均贴水而建，游廊相连。出水香榭顺回廊北行，至园中主要厅堂——退思草堂，草堂东是后人增建的琴房，旁有三曲石桥，过桥向南进入树木丛密的大假山，穿山洞盘旋而上，到达山巅的眠云亭，此亭实际上是建在地上的两层亭子，底层被叠石遮掩，好像建在山顶上，是苏州园林中的孤例。下山转入菰雨生凉轩，轩内立一面大镜，得小中见大、虚实相映之趣。出轩向西，踏上天桥，到达辛台，是两层临水建筑，台前池边立有高达 5 米的灵璧石"老人峰"。下辛台折向西北，贴水建一座小型石舫，名闹红一舸，出自宋代姜夔《念奴娇·闹红一舸》词意。再沿九曲回廊北行，每间廊壁漏窗中央嵌有一个字，连成"清风明月不须一钱买"九字，充满诗情画意。

第五章 扬州名园

[一、个园]

中国扬州名园，坐落在扬州东关街。清嘉庆时园归富商，重新修筑，用从外地运来的多种假山石创作出四季假山。广植修竹，竹叶形如"个"字，取名个园。

进园修竹临门，石笋参差，构成一幅以粉墙为纸的竹石画面，点出春景。月洞门的横额上有"个园"两字，切合竹石图的主题。过春景，出现一座以湖石叠成的玲珑剔透的"夏山"。运用"夏云多奇峰"的形象，通过灰白调的石色，环绕的清流，绿树披洒的浓荫和深邃的

个园月洞门

山洞，给人以苍翠欲滴、夏山常荫的感觉。秋山用黄石堆叠，气魄雄浑，又富画意。几座石峰，拔地而起，峻峭依云，气势非凡，似有石涛画意。全山立体游览路线，引人入胜。秋山环园半周，约十余丈，是全园的制高点。造园家手法巧妙，使最高的秋山有尽而不尽之感。从黄石山东峰而下，即为宣石（雪石）堆起来的冬山，使人有积雪未消的感觉。冬山墙面正对着扬州常年主导风向，开了四排尺许的圆洞，既有犹如风贯墙洞所造成的呼啸音响效果，又能制造出北风凛冽的景象，加强了冬景的气氛，是罕见的造园手法。冬景结束，西墙辟有两个圆形漏窗，透出远方的春色，修竹重又映入眼帘，寓意"冬去春来"。游览路线是环形的，春、夏、秋、冬时序更迭，周而复始。个园假山各具特色，旨趣新颖，是中国园林四季假山的孤例。

[二、何园]

中国扬州名园，又称寄啸山庄，在江苏省扬州市城东南。原是清乾隆时双槐园旧址，同治年间道台何芷舠改建，从陶渊明"倚南窗以寄傲"、"登东皋以舒啸"取意，名寄啸山庄，光绪九年（1883）购得吴氏片石山房旧址，扩入园林。1988

何园小方壶

年定为全国重点文物保护单位。

何园面积 12360 平方米。分东、西两部分，用两层串楼和复廊与住宅相连。西部为主园，地阔景深。正中设水池，池边叠石，四周楼阁环绕。池东建一座四面环水的方亭（水心戏台），亭周筑廊。何园虽构筑于平地，但通过嶙峋的山石，盘山的磴阶，置建筑群于山麓陂泽，仍使人仿佛置身于山环水抱和山、水、奇石相映成趣的幽雅境界，故取名"山庄"。

东部以船厅为主景，厅的四周，以瓦石铺装，纹似水波粼粼。中部凿有鱼池，楼阁环绕，西南主楼支出两翼，称"蝴蝶厅"。池北架有石梁与水心亭相通，是游人留连处。水心亭枕流环楼，兼作戏台。水面和建筑的回音，大大增加了演出的音响效果。四周回楼廊可作观众席，这是园林艺术的佳例。西南部池中拔起湖石山一座，峰峦陡峭，同中部开豁空间恰成对比。

[三、瘦西湖]

中国名园，位于江苏扬州西郊。原为护城河，名保障河、炮山河。又称长春湖，瘦西湖名称始于清乾隆年间。瘦西湖水源是汇集扬州西北部山冈的降水于蜀冈南麓，从蜀冈两峰（大明寺和功德山）间流出。历代的造园匠师（特别是清代）利用 30 里流程长河，相形度势来点缀园林，沿湖各园选址和建造各具特色：形成小院相套、层层相属的总面积达 1000 多亩的园林群，而水系串联诸园起到一条纽带的作用。各园之间互为对景，互相因借，突破了自身的空间上的局限，延伸和扩大了视野的广度和纵深度，在布局上呈现出融为一体的效果。瘦西湖造园的成就突出表现在自然得体，"妙造"自成，山水经营匠心独运，景观序列连续紧凑，俨然水墨山水长卷。

瘦西湖有二十四景，按性质大体可分为六类：御苑园林、寺庙园林、祠堂园林、书院园林、酒楼茶肆园林和宅园。20 世纪 50 年代初，瘦西湖的名园胜景已残存

由吹台两圆门观五亭桥和白塔

不多，经逐步修复，现在水面游程 4.3 千米，其精华部分包括长堤春柳、徐园、小金山、四桥烟雨、吹台、五亭桥和白塔等游览区和风景点。位于湖中长渚西端的吹台，相传清代乾隆皇帝在这里钓过鱼，故又名"钓鱼台"。台上的重檐方亭在四壁开圆洞门，分别引入瘦西湖的两个有代表性的主体建筑——五亭桥和白塔成框景。五亭桥落成于清乾隆二十二年（1757），桥上筑有五座亭子，形似莲花，故又名莲花桥，花岗岩构筑，造型别致，在国内现存古桥中风格独特。白塔为莲性寺著名建筑，现存的白塔是清乾隆年间在旧塔基上重建而成，为砖结构，白塔与横卧波光中的五亭桥相映相衬，壮观典雅。

20 世纪 80 年代期间，瘦西湖已恢复性重建了从五亭桥、白塔至大明寺沿途的重点园林，主要有二十四桥景区、白塔晴云、静香书屋、卷石洞天等，基本上恢复了"一路楼台直到山"的景观。

第六章 中国各地名园

［一、川西名园］

  中国四川西部的古代园林。四川盆地西部，沿岷、沱二江，以成都平原为核心的广大地域，气候温润，土壤肥沃，号称"天府"，是中国古代发达的经济中心之一。司马相如、扬雄、李白、三苏（苏洵、苏轼、苏辙）等皆为川西人士，诸葛亮、房琯、杜甫、元稹、韦庄、黄庭坚、陆游、范成大等则曾旅居于此，众多著名文人留下优秀的文化遗产和足迹，为园林发展奠定了坚实的文化艺术基础。四川的自然山水以幽、秀、险、雄而独具特色，加之四川自古对外交通不便，文化环境相对比较封闭，在此背景上形成了特色鲜明的川西古代园林。

  除了著名的峨眉山、青城山、剑阁蜀道等传统的风景名胜以外，仅成都一带的私人宅园、衙署园林、祠堂或寺庙园林等，在清代末年就有数百个。现存的川西名园主要有：新繁东湖、新都桂湖、崇州罨画池、眉山三苏祠、成都杜甫草堂、武侯祠、望江楼等。此外，还有郫县望丛祠、广汉房公湖、邛崃文君井、绵阳子云亭、德阳庞统墓、射洪陈子昂读书台、宜宾黄庭坚流杯池、乐山乌尤寺、都江堰离堆、江油窦圌山等，其中大部分拥有千年以上的历史，而且由于其显著的纪念意义很早就成为官产而得以较好的留存。

川西名园的特色，以"清、奇、幽、秀"为风貌，以"飘逸"为风骨。"清"指川西名园石山甚少，水岸朴直，以清朴见长，建筑平均密度不大，布局倾向于四川民居；"奇"指在园中经常可以发现不拘成法的布局，出人意外的结构，跌宕多姿的奇景，对比强烈的色彩；"幽"指园中植物繁茂，品种丰富，多以常绿阔叶林作天幕和背景，境域幽深，而以水面取虚放扩，创造空间变化和虚实对比；"秀"是指著名园林都与著名文人有关，多小巧秀雅，园林蕴涵着浓郁的文化气质和返璞归真的自然情趣。

由于四川地处西南一隅，正统思想的影响相对较弱，又是流放区域和道教的主要发源地，从中国园林发展史上看，可以说川西名园还保持着相当浓郁的自然山水园的古朴色彩。

崇州罨画池廊桥

新繁东湖在成都市新都区新繁镇。据五代孙光宪《北梦琐言》记载，是唐代"李德裕为宰日所凿"。两宋时不断有所修葺，明末一度荒废。现在基本保持了清同治三年（1864）大修后的面貌。主厅"怀李堂"坐北朝南，两翼有廊伸出半抱湖面，廊端一为瑞莲阁，一为珍珠船。这是一种唐代园林的典型格局，传入日本后称之为"寝殿造"式样。园

新都桂湖的交加亭

《中国大百科全书》普及版 ○ 不穷之景——园林情韵 buqiongzhijing yuanlinqingyun

内土山"高林巨树，重葛悬藤"，古意盎然。位于西南隅的清白江楼，构思奇变，有翩翩"君子"之风。

崇州罨画池在崇州市城内，其历史至少可上溯到北宋。北宋"铁面御史"赵抃，南宋大诗人陆游都曾在此为官，并留诗多首。现在的基本格局为明清时逐渐形成。布局上疏密强烈对比是该园最大特点，主要建筑具有强烈民居色彩，鹤颈墙、三折桥、水榭、假山等园景小品颇富独创性，园的主题"琴、鹤、梅"表现明确。

杜甫草堂

中国唐代诗人杜甫的纪念祠堂。又名少陵草堂。位于四川省成都市西郊浣花溪畔。杜甫曾于安史之乱中在此建堂而居，历时近4年，写诗240余首。祠在当年杜甫茅屋"草堂"旧址上修建，故称草堂。1961年国务院公布为全国重点文物保护单位。

原草堂在中唐后荒芜破败。昭宗天复二年（902），诗人韦庄寻得旧址，重造草堂。北宋元丰年间（1078～1085）再次重建，立祠宇刻诗绘像于壁。今存草堂为清康熙时重建，嘉庆十六年（1811）经过大规模修缮。今草堂庭园

"少陵草堂"碑亭

占地约16.37万平方米。建筑为南北轴线对称布局，大门紧邻浣花溪，轴线上依次有大廨、诗史堂、柴门、工部祠。工部祠内祀杜甫塑像，祠前左右为水竹居和恰授堂轩。诗史堂东西两侧为陈列室，经回廊与大廨相连。所有建筑均为木构平房，富有川西民居朴素雅淡的气氛。园林以楠木、竹、梅为基调，每逢农历正月初七（俗称人日），前来赏梅凭吊的游人络绎不绝。民国期间，草堂一度遭到驻军破坏。

[二、岭南庭园]

中国广东中、东部的清代园林。具有中国古代园林的传统风格，又受地理环境、自然气候和乡土文化的影响，具有地方特色。岭南庭园历史悠久，现存遗迹"九曜石"，为五代时南汉国（917～971）宫苑"药洲"的一组山石。

清代中期以后的庭园较多，格局各异，现存庭园以下几处具有代表性。

清晖园船厅

清晖园　在广东顺德，建于清道光年间（1821～1850），是顺应自然布局的代表作。园内桥、廊、院、路都结合地形安排。由入口经笔生花馆前小院，沿路直行，穿过月洞，转至主庭。路线虽然平直，但穿行几个不同格调的小院，使人并不感觉单调。主庭为方塘水庭，临塘筑廊，建筑群的组合运用了建筑物之间的大小高低错落和虚实隐露多变的手法。

余荫山房　在广东番禺，建于清同治五年（1866），是运用几何图形组织景物空间的典型。全园分东、西两庭，由桥廊连接。东庭为方塘水庭，所有建筑和组景都同方塘平行，呈方形构图。西庭为八角形水庭，八角形水厅居于八角形水塘的中央，西庭内桥、廊、小路都采取同八角形周边成平行或垂直的方向。园内两庭并列，纵贯轴线，构成整齐的几何形布局，这在中国古代宅园中比较罕见。

余荫山房

《中国大百科全书》普及版　不穷之景——园林情韵　buqiongzhijing yuanlinqingyun

可园　在广东东莞，建于清咸丰六年（1856）。可园是"连房广厦"式庭园的典型，即以楼房群体组成庭园空间。全园分为三个组群：第一组为高敞对称的厅堂组群，第二组是曲折玲珑的"绿绮楼"，第三组是轩昂挺秀的四层楼堂——"可楼"。全园楼群布局有聚有散、有起有伏、回廊透迤、轮廓多变，从不同透视角度创造庭园的环境和意境，这种格局在中国古代宅园中堪称独树一帜。

西塘　在广东省澄海，建于清乾隆、嘉庆年间，格局疏朗清虚。西塘主要以树丛、水石作为划分庭园空间的手段。园内建筑仅有一厅堂、一亭、一船楼，都掩映在竹林薜荔、山石盘溪之中。

群星草堂　在广东佛山。园内只有一厅、一舫、一亭。建筑物之间配置山石、树丛、斜桥、水松、修竹等组景，着意表现庭园的古雅清幽。以十二石斋的石庭著称。

筑山技法　筑山是岭南庭园风格中最具特色的技法。有关筑山事例，早在1665年德国人纽浩夫就曾介绍过他在广州见到的12.2米高的筑山。根据他的描述和所绘图纸，可以推断出当时筑山技法类似今天流行于广州一带的"包镶"筑山法，即以钢骨为架，用一般的石头为坯成形，然后把有天然纹理的英石包镶在外层。筑山的造型变化较多，有几种程式化的造型，在筑山匠人中有固定的程式名称，粤语称为"喝景"。例如"夜游赤壁"型，指的是一种连绵而平远的壁形石景，现广州泮溪酒家的壁山就是这种石景。另外，常见的峰型石景有主峰峻峭挺拔的"风云际会"型、"铁柱流沙"型，有主峰较平顺的"狮"型，还有主峰稍突出而劈峰分立的"美女"型等。这些筑山师法造化，但又有所内得心源的发挥，不但再现自然山石景色，而且妙在似与不似之间。

园林建筑　岭南庭园中的园亭体形简练，很少有复杂的轮廓组合，屋面构造简单，檐口和山墙多用硬面硬檐，翼角出翘的曲线柔和而简练，介于北方园亭翼角的凝重和江南园亭翼角的飘逸之间。可园中的"可楼"和"绿绮楼"、清晖园内园亭的翼角造型都是富有特色的佳例。园亭另一特色是装修典雅而且华丽，门窗格扇、花罩漏窗都精雕细刻，显得极其绚丽。门窗还往往作条幅挂屏或者斗方组合处理，格线窗心多用书法、山水、花鸟、人物构图，富于民族风格。

[三、维吾尔族园林]

中国维吾尔族主要居住在新疆维吾尔自治区。由于受气候、地理、宗教、风土人情等影响，维吾尔族园林构图简朴，活泼自然，因地制宜，经济实用。它把休憩、娱乐、生产有机地结合起来，形成一种独具民族风格和地区特色的花果园式园林。园林中的建筑多用砖土建成拱顶，外用木柱组成连拱的廊檐，饰以花卉彩绘和木雕图案。因当地石材奇缺，所以没有凿石、叠山、置石的传统。园林建在被荒漠包围的绿洲中多种植耐旱、耐寒、耐盐碱的树种，仅在有融雪灌溉的条件下，园中才栽种一些需水量大的树种。

新疆的官署园林如莎车和卓园，据《回疆通志》记载："本系和卓木墨特花园，其中桃、杏、苹果、葡萄等花木最盛。引河水凿为池沼，台榭桥梁，曲折有情。"哈密回王有果园十六处，《新疆游记》中载，回城的"回王花园，亭榭数处，布置都宜，核桃、杨、榆诸树，拔地参天，并有芍药、桃、杏、红莲种种"。鄯善的沙亲王在鲁克沁有一座果木园，园内建筑形式颇受汉族园林的影响。可见汉族与兄弟民族在园林艺术方面早有交流。以上这些园林建于清康熙年间，今已不存。

喀什的阿巴和卓麻扎建筑宏伟，为伊斯兰建筑形式，墓顶圆穹为砖拱结构，外饰以彩砖。走廊雕梁画栋，木刻精巧，彩绘富丽。有三个庭园，古木参天，以新疆杨、银白杨为主，间有桑、沙枣、杏树等，代表了南疆干旱区园林的风貌。喀什的大清真寺，庭园宽大，树木很多，但无花草，显得肃穆恬静，清雅古朴。

阿巴和卓麻扎

位于中国新疆维吾尔自治区喀什市的阿巴和卓（又译为阿帕克和加）家族的墓地（维吾尔语"麻扎"意思是墓）。传说墓地中还葬有清朝乾隆皇帝的香妃，故又被称为香妃墓。

始建于17世纪中叶，为新疆现存伊斯兰建筑中规模最大的综合建筑群。包括阿巴和卓墓祠一座，礼拜寺四座，教经堂一座，以及阿訇住宅、厨房、浴室等，墓祠东侧和北侧有数以千计的伊斯兰教民墓群。

墓祠为墓区最主要的建筑。墓祠四隅置圆形塔状邦克楼，内有楼梯可达顶部。中间为大穹窿顶，下为墓室。中部穹窿顶直径约16米，顶高24米，在新疆是最大的，其结构是以墓祠四面厚墙支承，起半圆形拱券，穹窿顶上置亭状建筑。墓祠外部墙面做成尖拱形，在白色墙面上部有木棂条花窗，墙面外框和邦克楼都镶砌绿色琉璃砖。整个建筑造型简练宏伟，有浓厚的伊斯兰建筑特色。内部粉刷洁白，呈现肃穆气氛。墓祠西北侧的绿顶礼拜寺，外殿是平顶式敞廊，内殿是覆盖绿色琉璃的穹窿顶建筑。穹窿顶直径11.6米，高16米，殿内有4层壁龛。这种内外殿结构是新疆地区伊斯兰建筑的传统形制。

墓区西端与墓祠相对的为大礼拜寺，建于19世纪，周边围墙环绕。寺正面15间敞廊式外殿，廊柱林立，全为红褐色，极为壮观。后部是一排低矮的穹窿顶，色调幽暗，与外殿形成强烈对比。

此外还有一座高礼拜寺和一座低礼拜寺。高礼拜寺颇为华丽，建筑在一个高台上，外殿的木柱柱身和柱头满布雕饰，梁枋上饰有彩画；东北角和西南角的两座邦克楼用砖砌成各种图案花纹。低礼拜寺和教经堂淳朴古拙，内外雕饰很少。

阿巴和卓麻扎墓祠

拉萨罗布林卡湖心宫

中国古代藏式园林。在西藏拉萨市区布达拉宫西偏南约1000米处。300多年前，这里灌木丛生，人称"拉瓦采"（荆棘灌木林）。五世达赖曾到此消夏。1755年七世达赖格桑嘉措建正式宫殿，名"格桑颇章"，并开始在此消夏理政，改"拉瓦采"为"罗布林卡"，藏语意思是"宝贝园"。从此罗布林卡成为历代达赖夏季处理政务和进行宗教活动的地方。七世达赖晚年常来沐浴泉水，清廷驻藏大臣为他建"乌尧颇章（凉亭宫）"。八世达赖时期，建成"恰白康（阅书室）"、"曲然（讲经院）"、"鲁康（龙王庙）"、"措吉颇章（湖心宫）"以及"康松司伦（威镇三界阁）"等，宫苑初具规模。到十三世达赖时，又建"竹曾颇章（普陀宫，后改为藏书室）"。1922年在西区建"金色颇章（金色林卡一组建筑）"。1954年为十四世达赖建"达旦米久颇章（俗称新宫）"，终于形成至今占地面积约36公顷的别墅式园林。

罗布林卡全园分为三个区：东部宫前区包括，入口和威镇三界阁之前的前园，中部为核心部分的宫殿区，西区是以自然丛林野趣为特色的金色林卡，内有供达赖休息的别墅。每个区域又根据功能要求，结合自然环境，或宫墙深院，古木成荫，或芳草疏林，繁花似锦，构成不同的景观。园林布置具有西藏高原的特点，运用建筑、水面、林木组景，如湖心宫的设计，创造出不同的意境。园内新老建筑的格调既和谐统一，又富于变化，金碧辉煌，彩绘绚丽。新宫内四壁绘制连环画式的大型壁画，主题包括西藏历史和佛教典故。罗布林卡反映了西藏民族和宗教的特色，又是藏汉两族文化交流的结晶，是中国园林中的珍宝。

第七章 中国园林文献

[一、《洛阳名园记》]

记述北宋中原私家园林的文献，李格非著。洛阳是汉唐旧都，也是历史名园荟萃之地。北宋时，公卿贵戚在西京洛阳兴建邸宅，园林不在少数，是以代表中原地区私家园林的繁盛情形，时有"洛阳名公卿园林，为天下第一"的说法。

《洛阳名园记》记载作者亲历的私家园林19处，大多数是利用唐代废园的基址建成，有依附于邸宅也有单独建置的，还有两处以栽植花卉为主。文中对所记诸园总体布局以及山池、花木、建筑所构成的园林景观场逐一详实描写。由书中可知，无论单独建置还是依附于邸宅的园林，一般都定期向公众开放，主要供公卿士大夫们进行宴集、游赏等活动。园林都以莳栽花木著称，有大片树林尤以竹林为多，也有栽植花卉、药材、果蔬。园林筑山仍以土山为主，仅在特殊需要的地方如构筑洞穴时掺以少许石料，一般少用甚至不用。园内建筑形式丰富，但数量不多，布局疏朗。

李格非字文叔，山东济南人，工诗词。其女李清照是宋代词人，女婿赵明诚（《金石录》）为金石学家。李格非于绍圣年间从政时曾卷入朝廷之党争，有感当时的政治形势，在《洛阳名园记》文末提出"园圃之废兴，洛阳盛衰之候也"的论断，其初衷则不失为警世之言。

"李格非女婿"所著——《金石录》

《金石录》是中国宋代金石学著作。中国现存最早的碑刻目录和研究专著之一，赵明诚撰。明诚字德父，密州诸城（今山东省诸城市）人。生于宋神宗元丰四年（1081），卒于宋高宗建炎三年（1129）。少为太学生，历官至知湖州军州事。明诚与妻李清照平生酷爱金石书画，曾尽力收集资料，共同校订整理。此书实为二人合著，体例仿欧阳修《集古录》。书成于徽宗宣和末年。

全书共30卷。前10卷为铜器铭文和石刻之目录20条。前17条为铜器铭文，余为先秦至北宋1900余种石刻的目录，几倍于《集古录》所列。碑刻目录下多注明碑文的撰写和书写人、立石年月。后20卷是就部分古器物、碑刻所撰写的题跋502条，汇集了作者多年研究的看法和心得。《金石录》在南宋时已刻版行世，有龙舒郡斋和赵不谞两种刊本，但到明代时已罕见。清代为人所知的宋刊本只有一残存的十卷本，清顺治间谢世箕刻本、乾隆间卢见曾刻雅雨堂丛书本，都以明抄本为底本。1950年发现于南京的宋刊30卷（今藏于中国国家图书馆），行款版式与残存的十卷本全同，被确认为龙舒郡斋本，是目前最好的版本。

《金石录》书影

[二、《园冶》]

中国古代造园专著，明末计成撰。明崇祯四年（1631）成稿，崇祯七年刊行。《园冶》全面论述了宅园、别墅营建的原理和具体手法，总结了造园经验，是研究中国古代园林的重要著作。

《园冶》内容由"兴造论"和"园说"两篇组成。兴造论阐明作者写书的目的，着重指出园林兴建的特性是因地制宜，灵活布置。在设计和建造过程中要始终贯穿"巧于因借，精在体宜"的总指导思想，需要有一个善于巧妙利用环境来进行创作的人来主持。

《园冶》书影

园说是全书的主体，作者把中国古代园林艺术的特征概括为"虽由人作，宛自天开"。在叙述过程中着意把园林造景的刻画和意境感受联系起来，勾画出中国江南园林诗情画意、情景交融的特色。园说下分相地、立基、屋宇、装折、门窗、墙垣、铺地、掇山、选石、借景十部分。全书共三卷，附图235幅。

计成

中国明末造园家。字无否，号否道人，苏州吴江人。少年时代即以善画山水而知名。他宗奉五代时期杰出画家荆浩和关仝的笔意，属写实画派，因而喜好游历风景名胜。青年时代到过北京、湖广等地。中年定居镇江，从事造园。计成在一次参观堆假山作业中提出应按真山形态掇假山的主张，并动手完成这座假山石壁工程。由于作品形象佳妙，宛若真山，于是闻名遐迩。明天启三年至四年（1623～1624），计成应常州吴玄的聘请，营造一处面积约为 5 亩的园林，为其成名之作。代表作还有明崇祯五年（1632）在仪征县（今仪征市）为汪士衡修建的"寤园"，在南京为阮大铖修建的"石巢园"，在扬州为郑元勋改建的"影园"等。他创作旺盛期约在明崇祯前期。他根据自己丰富的实践经验整理了修建吴氏园和汪氏园所作的部分图纸，完成中国最早和最系统的造园著作——《园冶》。计成还是一位诗人，时人评价他的诗如"秋兰吐芳、意莹调逸"，但诗作已散佚。

[三、《江南园林志》]

论述和介绍中国苏、杭、沪、宁地区古典园林的专著，中国建筑学家童寯著。作者在抗日战争前遍访江南名园，进行实地考察和测绘摄影，以多年研究心得撰写此书，1937 年付梓，但因抗日战争而未及出版。1963 年由中国工业出版社出版，1984 年由中国建筑工业出版社再版。文字部分包括造园、假山、沿革、现状、杂识五篇，论述中国造园的传统特色和一般原则，阐释假山艺术，介绍江南各地著名园林的沿革、现状、艺术特点并作出评价。再版时增收《随园考》一文，补充图片，现收图片共 340 多幅。

本书是中国最早采用现代方法进行测绘、摄影的园林开山专著，具有极高的园林学术文化价值。书中述及的一部分园林现已残破或者废圮，更显弥足珍贵。

童寯

中国现代建筑学家，建筑师，建筑教育家。字伯潜，满族。生于奉天（今沈阳），卒于南京。1925 年清华学校毕业后，留学美国宾夕法尼亚大学建筑系，曾获全美建筑系学生设计竞赛一、二等奖。1928 年毕业，获建筑硕士学位。后在费城、纽约的建筑师事务所工作两年。1930 年赴欧洲考察后回国，1930～1931 年任东北大学建筑系教授。1932～1952 年在上海与赵深、陈植共同组成华盖建筑师事务所，主持绘图室工作。该所设计工程近 200 项，其中三人合作设计的有南京外交部大楼、大上海大戏院（现大上海电影院）、上海浙江兴业银行大楼等。1944 年起先后在重庆和南京兼任中央大学工学院建筑系教授。1949 年中央大学改称南京大学，1952 年南京大学工学院改组为南京工学院，童寯继续担任建筑系教授，直至逝世。

童寯参加设计的工程约 100 项。主要建筑创作除上述外还有南京首都饭店、上海金城大戏院、南京下关首都电厂等，以及私人住宅多处。他在建筑创作上，反对因袭模仿，坚持创新，作品比例严谨，质朴端庄。童寯在回国后开始致力于中国古典园林研究，调查、踏勘和测绘、拍摄江南一带园林。著有《江南园林志》等，阐述中国传统造园技艺、江南名园沿革及其特点。晚年主要从事建筑理论和历史研究，出版有《新建筑与流派》、《造园史纲》、《近百年西方建筑史》、《童寯画选》、《童寯文集》等。

[四、《苏州古典园林》]

本书是关于中国古代园林艺术的著作，中国建筑学家刘敦桢著，1979 年由中国建筑工业出版社出版。本书阐述苏州园林发展的历史和造园艺术成就，分总论和实例两部分。总论包括绪论、布局、理水、叠山、建筑、花木等 6 章，实例介绍了拙政园、留园等 15 座名园。全书约 13 万字，有测绘图 172 幅，照片 661 幅。著者在 20 世纪 30 年代着手研究中国园林艺术，50 年代初主持苏州古典园林的调查工作，普查过 190 处园林和庭院，对主要园林作了精心测绘，分析总结了这些园林的造园艺术、构思和手法。

刘敦桢

中国建筑学家，建筑史学家，建筑教育家。字士能，湖南新宁人。早年就读于长沙楚怡学校。1913年留学日本，1921年毕业于东京高等工业学校建筑科。1922年回国后，在上海华海建筑师事务所工作。1925年任教于苏州工业专门学校建筑科。1927年，该校和东南大学等合并成为国立第四中山大学，1928年改称国立中央大学，柳士英、刘敦桢、刘福泰等在中央大学创立中国最早的建筑系。他是中国建筑教育的开拓者之一。1955年当选为中国科学院学部委员（院士）。

刘敦桢有志于发扬中国传统建筑文化。1928年发表《佛教对于中国建筑之影响》。1929年中国营造学社成立，刘敦桢于1930年加入，在《中国营造学社汇刊》上发表多篇论文。1932年，任中国营造学社文献主任。他与该社法式主任梁思成共同调查各地古建筑，结合文献分析研究，奠定了中国建筑史这门学科的基础，培养了一批研究骨干。

1937年抗日战争全面爆发后，中国营造学社由北平迁往云南、四川。刘敦桢收集沿途古建筑和民居资料，写成论文《西南古建筑调查概况》等。1943年返中央大学任教授，1944年起任建筑系主任，兼重庆大学教授。1946年起任中央大学工学院院长。

中华人民共和国建立后，刘敦桢任南京大学建筑系教授，南京工学院建筑系教授、主任。1953年创办中国建筑研究室，出版了《中国住宅概说》(1957)，又作苏州古典园林科学报告。在民居和园林两个领域的开创性研究，影响很大。1959年起，他主编《中国古代建筑史》。著作《刘敦桢文集》共4卷，已出版。

第八章 园林设计

［一、园林意境］

通过园林的形象所反映的情意使游赏者触景生情、产生情景交融的一种艺术境界。

历史溯源　在中国文化土壤上孕育出来的园林艺术，同文学、绘画有密切的关系。园林意境这个概念的渊源可以追溯到东晋到唐宋年间。当时的文艺思潮是崇尚自然，出现了山水诗、山水画和山水游记。园林创作从以建筑为主体转向以自然山水为主体，以夸富尚奇转向以文化素养的自然流露为设计园林的指导思想。如东晋简文帝入华林园，道"会心处不必在远"，可以说已领略到园林意境了。

园林意境创始时代的代表人物，如两晋南北朝时期的陶渊明、王羲之、谢灵运、孔稚珪到唐宋时期的王维、柳宗元、白居易、欧阳修等人，既是文学家、艺术家，又是园林创作者或风景开发者。陶渊明用"采菊东篱下，悠然见南山"去体现恬淡的意境。被誉为"诗中有画，画中有诗"的王维所经营的辋川别业，充满了诗情画意。以后，元、明、清的园林创作大师如倪云林、计成、石涛、张涟、李渔等人都集诗、画、园林诸方面修养于一身，发展了园林意境创作的传统，还力创新意，作出了很大贡献。

园林意境特征　园林是自然的一个空间境域，与文学、绘画有相异之处。园林意境寄情于自然物及其综合关系之中，情生于境域事物而又超出境之外，给感受者以余味或遐想余地。当客观的自然境域与人的主观情意相统一、相激发时，才产生园林意境。

园林又是一个真实的自然境域，其意境随着时间而演替变化。这种时序的变化，园林上称"季相"变化；朝暮的变化，称"时相"变化；阴晴风雨霜雪烟云的变化，称"气象"变化；有生命植物的变化，称"龄相"变化；还有"物候"变化等。这些都使产生意境的条件随之不断变化。

在意境的变化中，要以最佳状态而又有一定出现频率的情景为意境主题，即《园冶》中所谓"一鉴能为，千秋不朽"。如杭州的"平湖秋月"、"断桥残雪"，扬州的"四桥烟雨"等，只有在特定的季节、时间和特定的气候条件下，才是充分发挥其感染力的最佳状态，虽然短暂，但受到千秋赞赏。

中国园林艺术是自然环境、建筑、诗、画、楹联、雕塑等多种艺术的综合。园林意境产生于园林境域的综合艺术效果，给予游赏者以情意方面的信息，唤起以往经历的记忆联想，产生物外情、景外意。

不是所有园林都具备意境，更不是随时随地都具备意境，然而有意境更耐人寻味，引兴成趣和深刻怀念。所以意境是中国千余年来园林设计的名师巨匠所追求的核心，也是使中国园林具有世界影响的内在魅力。

创作方法　园林意境是文化素养的流露，也是情意的表达，所以根本问题在于对祖国文化修养的提高与感情素质的提高。技法问题只是创作的一种辅助方法，且可不断创新。园林意境的创作方法有中国自己的特色和深远的文化根源。融情入境的创作方法大体可归纳为三个方面：①"体物"。即园林意境创作必须在调查研究过程中，对特定环境与景物所适宜表达的情意作详细的体察。事物形象各

《中国大百科全书》普及版◎ 不穷之景——园林情韵 buqiongzhijing yuanlinqingyun

自具有表达个性与情意的特点，如人们常以柳丝比女性、比柔情，以花朵比儿童或美人，以古柏比将军、比坚贞。要体察入微，善于发现。如以石块象征坚定性格，则卵石、花石不如黄石、盘石，因其不仅在质，亦在形。在这样的体察过程中心有所得，才开始立意设计。②"意匠经营"。在体物的基础上立意，意境才有表达的可能。然后根据立意来规划布局，剪裁景物。园林意境的丰富，必须根据条件进行"因借"。计成《园冶》中的"借景"一章所说"取景在借"，讲的不只是构图上的借景，而且是为了丰富意境的"因借"。凡是晚钟、晓月、樵唱、渔歌等无不可借，计成认为"触情俱是"。③"比"与"兴"。是中国先秦时代审美意识的表现手段。《文心雕龙》对"比"、"兴"的释义是："比者附也，兴者起也。""比"是借他物比此物，"兴"是借助景物以直抒情意，"比"与"兴"有时很难划分，经常连用，都是通过外物与景象来抒发、寄托、表现、传达情意的方法。

张涟

中国明末清初造园哲匠，尤擅长叠山。字南垣，松江华亭（今上海松江）人，后迁嘉兴，又称嘉兴人。少时学画，善绘人像，兼工山水，以山水画意造园叠山。他活动于大江南北50余年，所造园林甚多。最著名的有松江李逢申横云山庄、嘉兴吴昌时竹亭湖墅、朱茂时鹤洲草堂，太仓王时敏乐郊园、南园和西田、吴伟业梅村、钱增天藻园，常熟钱谦益拂水山庄，吴县（今苏州）席本桢东园，嘉定（今属上海）赵洪范南园，金坛虞大复豫园等。

《清史稿》为张涟立有专传，康熙《嘉兴县志》记载他善叠假山："旧以高架叠缀为工，不喜见土，涟一变旧模，穿复冈，因形布置，土石相间，颇得真趣"。康熙初张英作有"一自南垣工累石，假山雪洞更谁看"之句。张涟对中国造园叠山艺术的重大贡献是改变了那种矫揉造作的叠山风格，对后世造园艺术产生了深远的影响。他有四子，能传父术，次子然，号陶庵，三子熊，字叔祥，尤为知名。张然在北京供奉内廷28年，畅春苑、南海瀛台、玉泉山静明园，以及王熙怡园、冯溥万柳堂等皆出其手。张然子孙继续供奉内廷，京师称"山子张"，世业百余年未替。张涟造园叠山之外，还善制盆景，颇负盛名。

[二、相地]

"相地"原是中国踏勘选定园林地域的通俗用语。明末计成所著《园冶》一书中有专论踏勘选定园址的"相地"一章。相地包括园址的现场踏勘，环境和自然条件的评价，地形、地势和造景构图关系的设想，内容和意境的规划性考虑，直至基址的选择确定，归纳为 6 个方面：①园基选择不拘朝向，其重点应着眼于造景的有利条件，如是否有山林可依，有水系可通。②必须在勘察过程中同时展开造景构图的设想，不仅注意地形还要注意地势，克服地形上的缺点来筹划方案等。③必须重视水源的疏理问题，尤其是园林建筑布局必须联系园林理水，建筑才能获得有水面配合的优越性。④必须考虑建园的目的性。城市土地虽不是很好的造园环境，但鉴于便利园主兼享城市生活，还是可以选用；如选乡村土地造园，

要便于眺望田野景趣。⑤要十分重视原有大树等的保存和利用。⑥考虑"季相"、"时相"等的变化。

"相地"一章还把园址和用地归纳为山林地、城市地、村庄地、郊野地、傍宅地、江湖地六类。计成认为最理想的用地是山林地，最讨巧的是江湖地，最需要运用造园技法加以改造的是村庄地。在郊野地中，以选"平冈曲坞"的丘陵地形而又有"叠陇乔林"为佳。至于城市地和傍宅地上选址建园，是为了"护宅"、"便家"的生活功能。计成在论述其建园适宜的内容和设计意境等，都服从明确的功能目的。

[三、借景]

"借景"是中国园林设计创作的主要理法。在造园活动中有意识地把园外的景物"借"到园内视景范围中来。一座园林的面积和空间是有限的，为了扩大景物的深度和广度，丰富游赏的内容，除了运用多样统一、迂回曲折等造园手法外，造园者还常常运用借景的手法，收无限于有限之中。

中国古代早就运用借景的手法。唐代所建的滕王阁，借赣江之景："落霞与孤鹜齐飞，秋水共长天一色"。岳阳楼近借洞庭湖水，远借君山，构成气象万千的山水画面。"借景"作为一种理念提出来，则始见于明末著名造园家计成所著《园冶》。计成提出了"巧于因借，精在体宜"，"借者园虽别内外，得景则无拘远近"等基本原则。

借景种类 大体可分为：①近借。在园中欣赏园外近处的景物。②远借。在不封闭的园林中看远处的景物，例如靠水的园林，在水边眺望开阔的水面和远处的岛屿。③邻借。在园中欣赏相邻园林的景物。④互借。两座园林或两个景点之间彼此借资对方的景物。⑤仰借。在园中仰视园外的峰峦、峭壁或邻寺的高塔。⑥俯借。在园中的高视点，俯瞰园外的景物。⑦应时借。借一年中的某一季节或一天中某一时刻的景物，主要是借天文景观、气象景观、植物季相变化景观和即时的动态景观。

借景方法　主要有：①开辟赏景透视线，对于赏景的障碍物进行整理或去除。在园中建轩、榭、亭、台，作为视景点仰视或平视景物。②提升视景点的高度，使视景线突破园林的界限，取俯视或平视远景的效果。在园中堆山筑台，建造楼、阁等，让游者放眼远望，以穷千里目。③借虚景。如朱熹的"半亩方塘"，圆明园四十景中的"上下天光"，都俯借了天光云影。

借景内容　有以下几类：①借山、水、动物、植物、建筑等景物。如水村山郭、长桥卧波、丹枫如醉、绿草如茵等。②借人文资源。如踏青原上、吟诗松荫、渔舟唱晚、古寺钟声等。③借天文气象景物。如日出日落、朝晖晚霞、弯月星斗、云雾彩虹等。此外还可以通过声音来充实借景内容，如鸟唱蝉鸣、鸡啼犬吠、松海涛声、残荷夜雨。

在中国的现有园林和风景区中，运用借景手法的实例很多。北京颐和园的"湖山真意"远借西山为背景，近借玉泉山。承德避暑山庄，借磬锤峰一带山峦的景色。苏州园林各有其独具匠心的借景手法。拙政园西部原为清末张氏补园，与拙政园

颐和园的"湖山真意"

中部分别为两座园林。西部假山上设宜两亭，邻借拙政园中部之景，一亭尽收两家春色。留园西部舒啸亭土山一带，近借西园，远借虎丘景色。沧浪亭的看山楼，远借上方山的岚光塔影。山塘街的塔影园，近借虎丘塔，在池中可以清楚地看到虎丘塔的倒影。

《中国大百科全书》普及版　不穷之景——园林情韵　buqiongzhijing yuanlinqingyun

［四、园林匾额楹联］

匾额横置门头或墙洞门上，在中国园林中多为景点的名称或对景色的称颂，以二字至四字的为多。楹联往往与匾额相配，或树立门旁，或悬挂在厅、堂、亭、榭的楹柱上。楹联字数不限，讲究词性、对仗、音韵、平仄、意境情趣，是诗词的演变。相传楹联始于五代后蜀，孟昶在寝门桃符板上题"新年纳余庆，嘉节号长春"句。匾额楹联不但能点缀堂榭、装饰门墙，在园林中还往往表达造园者或园主的思想，起着画龙点睛的作用，是中国传统园林的一大特色。曹雪芹在《红楼梦》中，借小说中人物评大观园时说："若大景致，若干亭榭，无字标题，任是花柳山水，也断不能生色。"如苏州拙政园中的"与谁同坐轩"，表达了"与谁同坐？清风、明月、我"的孤芳自赏的思想。楹联中如苏州沧浪亭的"清风明月本无价，近水远山皆有情"，拙政园雪香云蔚亭的"蝉噪林愈静，鸟鸣山更幽"，都写景、写情，发人联想。济南大明湖中一联云："四面荷花三面柳，一城山色半城湖"，杭州观海亭上一联云："楼观沧海日，门对浙江潮"，写景抒情，概括性很强。又如镇江焦山别峰庵郑板桥读书处，小屋三间，门上联云："室雅何须大，花香不在多"，抒发简朴幽雅的情景。所以匾额楹联不但为景观添色，而且发人深思。

岳阳楼何绍基的102字长联，昆明大观楼孙髯的180字长联，状景、写情、词藻、对仗、书法、境界等方面都值得称道，本身就是一件艺术品。

昆明大观楼长联

［五、假山］

园林中以造景为目的，用土、石等材料构筑山。

简史　中国在园林中造假山始于秦汉。秦汉时的假山从筑土为山到构石为山。由于魏晋南北朝山水诗和山水画对园林创作的影响，唐宋时园林中建造假山之风大盛，出现了专门堆筑假山的能工巧匠。宋徽宗于政和七年（1117），建艮岳于汴京（今开封），并命朱勔用"花石纲"的名义搜罗江南奇花异石运往汴京。自此民间宅园赏石造山，蔚成风气。造假山的手艺人被称为山匠、花园子。明清两代又在宋代的基础上把假山技艺引向"一卷代山，一勺代水"的阶段。明代的计成、张南阳，明清之交的张涟（张南垣）、清代的戈裕良等假山宗师从实践和理论两方面使假山艺术臻于完善。明代计成的《园冶》、文震亨的《长物志》、清代李渔的《闲情偶寄》中都有关于假山的论述。现存的假山名园有苏州的环秀山庄、上海的豫园、南京的瞻园、扬州的个园和北京北海的静心斋等。

功能　假山具有多方面实用和造景功能，如构成园林的主景或地形骨架，划

北京北海静心斋假山

分和组织园林空间，布置庭院，驳岸、护坡、挡土，设置自然式花台。还可以与园林建筑、园路、场地和园林植物组合成富于变化的景致，增添自然生趣，使园林建筑融会到山水环境中。因此，假山成为表现中国自然山水园的特征之一，也是灵活、具体的造景手法。

创作原则　最根本的是"有真为假，做假成真"。假山作为艺术作品，比真山更为概括、更为精练，可寓以人的思想感情，使之有"片山有致，寸石生情"的魅力。人为的假山又必须力求不露人工的痕迹，令人真假难辨。与中国传统的山水画一脉相承的假山，贵在似真非真、虽假犹真、耐人寻味。

种类　假山按材料可分为土山、石山和土石相间的山（土多称土山戴石，石多称石山戴土）；按施工方式可分为筑山（版筑土山）、掇山（用山石掇合成山）、凿山（开凿自然岩石成山）和塑山（传统是用石灰三合土塑成的，现代是用水泥、砖、钢丝网和玻璃钢等塑成的假山）；按在园林中的位置和用途可分为园山、厅山、楼山、阁山、书房山、池山、室内山、壁山和兽山。假山的组合形态分为山体和水体，山水结合一体，相得益彰。

国外假山　外国园林也布置有假山。古代的亚述喜用人工造小丘和台地，并把宫殿建在大丘上，把神庙建在小丘上。日本很重视用假山布置园林，在山石命名和位置安排方面，受佛教的影响。欧洲一些国家的植物园中开辟的岩生植物园，以岩生植物为主体，用岩石和土壤创造岩生植物的生长条件，还在动物园中造兽山以展示动物。欧美现代园林中出现不少用水泥或玻璃钢等材料塑成的假山。

[六、掇山]

《园冶》中称山石堆叠成山的过程为掇山。包括选石、采运、相石、放样、立基、拉底、掇石、收头、作缝、加固、清面、种植、试水等过程。

选石　古人对湖石多重"透、漏、瘦、皱、丑"五字。中国明朝末年造园家计成主张"是石堪堆，遍山可采"和"近无图远"，发展了古代的选石标准。掇山常用石品有：①湖石类。即石灰岩，如江苏太湖石，安徽巢湖石，广东英德石，山东仲宫石、费县石，北京房山石等。②黄石类。多以块状花岗岩、砂岩、沉积岩为主，如江苏、浙江黄石，西南紫砂石，北方砂岩等。体形方整端庄，质地厚重，刚劲有力，解理清晰，棱角分明。③圆石类（或卵石类）。多以环状剥落风化海石或年久冲蚀河谷山石为主。如海蚀卵石，水蚀黄蜡石。此类山石宜孤置或大小组合立石，不宜堆叠成山。④片石类。以多层片石为主，如北京青云片石，山东黄片石，广东、四川砂片石等。此石宜横向堆叠。⑤剑石类。多以直立型峰石为主，如江苏武进斧劈石，浙江衢州白果剑和惠剑，广西槟榔石等。多用于组合立石。⑥上水石类（或吸水石）。此石为多年淋溶堆积而成的砂质岩，质地疏松，内富含微细竖孔，易上水保湿。多土黄色，此石宜水中组合造型，不宜堆叠。⑦其他类。如木化石（黄褐色），松皮石（灰褐色），宣石（白色），灵璧石（黑色），象形石（各色），钟乳石，莲盆石（出自溶洞）。

相石　或称读石、品石。古人重视相石，目的在于全面了解石料大小、体态、质地、纹理、色泽、朝面、数量等，度石思用。根据设计图，选择不同部位和功能的用石，因材施用。

放样（放线）　无论古今掇山，均须按设计图进行放线。通过方格网确定掇山基线位置、基底宽度、满铺与留空区段、水电管线预留孔位、不同高度承重基底位置与面积、不同山峰高度标尺等。

立基　即基础工程。掇山之前，立基为先，基底稳固，才无后顾之忧。根据山体高度及基底状况确定基础宽度、厚度及工程作法。

拉底　又叫起脚。一般取夯厚石料，摆放底层，如同立足稳固。用石应大小交替，高低错落，防止横纵向通缝。摆石下垫上平，以求稳固发展。

掇石　掇石虽无定式，南北各异，但历代艺匠均逐渐形成了口诀。这些手法既是工程结构目的，又是造型艺术要求，如北京张蔚庭先生归纳出十字诀：安、连、接、斗、跨，拼、悬、卡、剑、垂。

（八字巧安） 2 连（左右相连） 3 接（上下拼接） 4 斗（斗石成拱） 5 跨（左右横跨）

（横竖拼石） 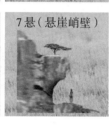7 悬（悬崖峭壁） 8 卡（上下卡石） 9 剑（斧劈、白果） 10 垂（悬垂、卡垂）

掇山手法

收头（结顶）　掇山无论大小，造型或仿自然山水、云、生物等，均在山顶着重表现。仿山者素有北雄、南秀、中奇、西险之特色；仿云者夏云突兀、秋云层片；仿生者神似形异，呼之欲出。掇山组合单元十分丰富，有峰、峦、岭、洞、穴、谷、涧、峡、崖、断、路、桥、阶、台等。大山还可设亭台楼阁。各要素均有不同掇石技法。

掇石应以仿真山为主，表现峰回云转、生灵活跃之景色，但运用掇石手法过多常使人感到人工造作，失真自然，应慎用之。现代假山理石多采用新材料，新技术（钢筋钢板网架抹面工艺及仿石材料喷涂，钢筋混凝土加固），机械化施工（吊车、行架）和新造景艺术（壁山、落泉、大型地盆景、室内造景、灯光、音响效果、雕塑配合）。

［七、置石］

以石材或仿石材布置成自然露岩景观的造景手法。置石能够用简单的形式，体现较深的意境，达到"寸石生情"的艺术效果。

简史　《禹贡》记载泰山山谷应上贡品中就有"怪石"。《南史》载："溉第居近淮水。斋前山池有奇礓石，长一丈六尺。"这是置石见于史书之始。《旧唐书》

瑞云峰

载："乐天罢杭州刺史，得天竺石一"，"罢苏州刺史时得太湖石五"，可见唐朝癖石之风甚盛。宋代江南私家园林也纷纷置石。明代林有麟编绘的《素园石谱》中有宣和六十五石图。明清时期，置石于园则更为广泛，有"无园不石"之说。现存江南名石有苏州清代织造府的瑞云峰、留园的冠云峰、上海豫园的玉玲珑和杭州花圃中的绉云峰。而最老的置石则为无锡惠山的听松石床，镌刻唐代书法家李阳冰篆"听松"二字。

置石在园林中有多种运用方法。

特置　又称孤置，江南又称"立峰"，多以整块体量巨大，造型奇特，质地、色彩特殊的石材作成。常用作园林入口的障景和对景，以及漏窗或地穴的对景。这种石也可置于廊间、亭下、水边，作为局部空间的构景中心，如北京颐和园的青芝岫等。特置也可以小拼大，不一定都是整块的立峰。

对置　在建筑物前两旁对称地布置两块山石，以陪衬环境，丰富景色。如北京可园中对置的房山石。

散置　又称散点。常用于布置内庭或散点于山坡上作为护坡。散置按体量不同，可分为大散点和小散点，北京北海琼华岛前山西侧用房山石作大散点处理，既减缓了对地面的冲刷，又使土山增添奇特嶙峋之势。小散点，如北京中山公园"松柏交翠"亭附近的置石，深埋浅露，脉络显隐。

山石器设　为了增添园林的自然风光，常以石材作石屏风、石栏、石桌、石几、石凳、石床等。北海琼华岛"延南薰"亭内的石几、石凳和附近山洞中的石床都使园林景色更有艺术魅力。

山石花台　布置石台是为了相对降低地下水位，安排合宜的观赏高度。园林中常以山石作成花台，种植牡丹、芍药、红枫、竹、南天竺等观赏植物。

同园林建筑相结合的置石　如抱角、镶隅是为了减少墙角线条平板呆滞的感觉而增加自然生动的气氛。置石于外墙角称抱角，置石于内墙角称镶隅。建筑入口的台阶常用自然山石作成"如意踏跺"，明文震亨著《长物志》中称为"涩浪"。两旁再衬以山石蹲配，主石称"蹲"，客石称"配"。

塑石　在不产石材地区，近代有用灰浆或钢筋混凝土等材料制作的塑石。此法可不受天然石材形状的限制，随意造型，但保存年限较短，色质等也不及天然石材。

公园置石（散石）

［八、园林理水］

中国传统园林的水景处理。在自然山水园中，以各种不同的水配合山石、花木和园林建筑来组景，是中国造园的传统手法，也是园林工程的重要组成部分。水中的天光云影和周围景物的倒影，水中的碧波游鱼、荷花睡莲等，使园景生动活泼，有"山因水活，水得山秀"之说。水还可调节气温、湿度，滋润土壤，又可用来浇灌花木和防火。由于水在园林中的形态是由山石、驳岸等来限定的，所以掇山与理水不可分，理水又是排泄雨水，防止土壤冲刷，稳固山体和驳岸的重要手段。

自然风景中的江湖、溪涧、瀑布等具有不同的形式和特点，各类水的形态的表现不在于绝对体量接近自然，而在于风景特征的艺术真实。各类水的形态特征的刻画主要在于水体源流、水情的动静、水面的聚分要符合自然规律，在于岸线、岛屿、矶滩等细节的处理和背景环境的衬托。运用这些手法来构成风景面貌，做到小中见大，以少胜多。这种理水的原则，对现代城市公园仍然具有其借鉴的艺术价值和节约用地的经济意义。

模拟自然的园林理水，常见类型有以下几种。

泉瀑　泉为地下涌出的水，瀑是断岸跌落的水，园林理水常把水源作成这两种形式。水源或为天然泉水，或园外引水或人工水源。水源的处理，一般都作成石窦之类的景象，望之深邃幽暗，似有泉涌。瀑布有线状、帘状、分流、叠落等形式，主要在于处理好峭壁、水口和递落叠石。现在水源一般用自来水或用水泵抽汲池水、井水等。苏州园林中有引屋檐雨水的，雨天才能观瀑。

渊潭　小而深的水体，一般在泉水的积聚处和瀑布的承受处。岸边宜作叠石，光线宜幽暗，水位宜低下，石缝间配置斜出、下垂或攀缘的植物，上用大树封顶，造成深邃气氛。

溪涧　泉瀑之水从山间流出的一种动态水景。溪涧宜多弯曲以增长流程，显示出源远流长，绵延不尽。多用自然石岸，以砾石为底，溪水宜浅，可数游鱼，又可涉水。游览小径须时缘溪行，时踏汀步，两岸树木掩映，表现山水相依的景象，如杭州"九溪十八涧"。有时造成河床石骨暴露，流水激湍有声，如无锡寄畅园的"八音涧"。曲水也是溪涧的一种，绍兴兰亭的"曲水流觞"就是用自然山石以理涧法作成的。有些园林中的"流杯亭"在亭子中的地面凿出弯曲成图案的石槽，让流水缓缓而过，这种作法已演变成为一种建筑小品。

河流　河流水面如带，水流平缓，园林中常用狭长形的水池来表现，使景色富有变化。河流可长可短、可直可弯，有宽有窄、有收有放。河流多用土岸，配置适当的植物；也可造假山插入水中形成"峡谷"，显出山势峻峭。两旁可设临河的水榭等，局部用整形的条石驳岸。水上可划船，窄处架桥，从纵向看，能增加风景的幽深和层次感。例如北京颐和园后湖、扬州瘦西湖等。

北京颐和园后湖

池塘、湖泊　指成片汇聚的水面。池塘形式简单，平面较方整，设有岛屿和桥梁，岸线较平直而少叠石之类的修饰，水中植荷花、睡莲、荇、藻等观赏植物或放养观赏鱼类，再现林野荷塘、鱼池的景色。湖泊为大型开阔的静水面，但园林中的湖只是自然式的水池，因其相对空间较大，常作为全园的构图中心。水面宜有聚有分，聚分得体。聚则水面辽阔，分则增加层次变化，并可组织不同的景区。小园的水面聚胜于分，如苏州网师园内池水集中，池岸廊榭都较低矮，给人以开朗的印象。大园的水面虽可以分为主，仍宜留出较大水面使之主次分明，并配合岸上或岛屿中的主峰、主要建筑物构成主景，如颐和园的昆明湖与万寿山佛香阁，北海与琼岛白塔。

园林中的湖池应凭借地势，就低凿水，掘池堆山。岸线模仿自然曲折，作成汉港、水湾、半岛，湖中设岛屿，用桥梁、汀步连接，也是划分空间的一种手法。岸线较长的，可多用土岸或散置矶石，小池亦可全用自然叠石驳岸。沿岸路面标高宜接近水面，使人有凌波之感。湖水常以溪涧、河流为源，其宣泄之路宜隐蔽，尽量作成狭湾，逐渐消失，产生不尽之意。

其他　规整的理水中常见的有喷泉、几何型的水池、叠落的跌水槽等，多配合雕塑、花池，水中栽植莲，布置在现代园林的入口、广场和主要建筑物前。

［九、园桥］

园林中的桥。可以联系风景点的水陆交通，变换观赏视线，点缀水景，增加水面层次，兼有交通和艺术欣赏的双重作用。园桥在造园艺术上的价值，往往超过交通功能。

长沙市烈士公园的小桥

《中国大百科全书》普及版 ◎

不穷之景——

园林情韵

buqiongzhijing yuanlinqingyun

概述　在自然山水园林中，桥的布置同园林的总体布局、道路系统、水体面积占全园面积的比例、水面的分隔或聚合等密切相关。园桥的位置和体形要和景观相协调。大水面又位于主要建筑附近的，宜宏伟壮丽，重视桥的体量和细部。水面宽广或水势湍急者，桥宜较高并加栏杆；水面狭窄或水流平缓者，桥宜低并可不设栏杆。水陆高差相近处，平桥贴水，过桥有凌波信步亲切之感。沟壑断崖上危桥高架，能显示山势的险峻。地形平坦，桥的轮廓宜有起伏，以增加景观的变化。水体清澈明净，桥的轮廓需考虑倒影。此外，还要考虑人、车和水上交通的要求。

园桥的基本形式有以下几种：

平桥　外形简单，有直线形和曲折形，结构有梁式和板式。板式桥适于较小的跨度，如北京颐和园谐趣园瞩新楼前跨小溪的石板桥，简朴雅致。跨度较大的就需设置桥墩或柱，上安木梁或石梁，梁上铺桥面板。曲折形的平桥为中国园林中所特有，不论三、五、七、九折，通称"九曲桥"。其作用不在于便利交通，而是要延长游览行程和时间，以扩大空间感，在曲折中变换游览者的视线方向，做到"步移景异"；也有的用来陪衬水上亭榭等建筑物，如上海城隍庙九曲桥。

拱桥　造型优美，曲线圆润，富有动态感。单拱的如北京颐和园玉带桥，拱券呈抛物线形，使桥身用汉白玉，桥形如垂虹卧波。多孔拱桥适于跨度较大的宽广水面，常见的多为三、五、七孔。著名的颐和园十七孔桥长约150米、宽约6.6米，连接南湖岛，丰富了昆明湖的层次，成为万寿山的对景。河北赵州桥的"敞肩拱"是中国首创，在园林

北京颐和园玉带桥

中仿此形式的很多。

亭桥、廊桥　加建亭廊的桥称为亭桥或廊桥，可供游人遮阳避雨，又增加桥的形体变化。亭桥如杭州西湖三潭印月，在曲桥中段转角处设三角亭，巧妙地利用了转角空间，给游人以小憩之处。扬州瘦西湖的五亭桥多孔交错，亭廊结合，形式别致。廊桥有的与两岸建筑或廊相连，如苏州拙政园"小飞虹"，有的独立设廊，如桂林七星岩前的话桥。苏州留园曲谿楼前的一座曲桥上，覆盖紫藤花架，成为风格别具的"绿廊桥"。

其他　汀步，又称步石、飞石。浅水中按一定间距布设块石，微露水面，使人跨步而过。园林中运用这种古老渡水设施，质朴自然，别有情趣。将步石美化成荷叶形，称为"莲步"，桂林芦笛岩水榭旁有这种设施。

其他形式的桥有钢索吊桥、叠梁拱桥，还有天然石梁、石拱构成的天然桥。

[十、园林植物种植设计]

在造园与绿化工程中，为创造所需的生态效益、理想的空间形式和预期的审美效果而选择、布置形态与习性合宜的植物种类、品种及其群落组合的设计。

园林植物种类　木本植物有乔木、灌木，有常绿树和落叶树；草本植物有一二年生和多年生种类，有大量的园艺品种；此外，还有沉水、挺水、浮水、漂浮等各类水生植物和湿生植物。这些植物在调节气候、净化环境的功能方面各有所长，观赏价值因树形、叶、花、果、枝干的形态和季节、年龄变化而各有特色。在不同类型的园林绿地中，一方面人们对植物上述各种功能效益的要求又各有侧重；另一方面，各种园林植物在分布上又有严格的地域性，不同种类的植物对气候、土质等生存环境都有一定程度的要求。因此，园林植物种植设计需要把园林在创造优美的生态、活动、审美环境方面的具体要求与各种植物在形态、习性方面的一定特点，以及种植场所的生存环境条件密切结合起来，以达到既满足人的要求，又适应植物生存条件的结果。

植物的生态效益　植物改善气候的作用产生于树冠遮荫和覆盖地面与建筑物以减少太阳的直射，还有叶片的蒸腾作用，以及密茂枝干的防风作用等。为发挥这些作用，需要合理地布置成片的树林、灌木、匍匐植物和攀缘、悬垂植物。落叶乔木夏季遮荫，冬季不妨碍阳光照射，使环境冬暖夏凉，并可节约用于人工采暖制冷的能源。

植物净化空气的作用产生于枝叶吸收有害气体和吸附悬浮颗粒物，以及茂密的林木降低风速使空气中的沙尘沉降落地。成片的灌木丛和地被植物则可防止二次扬尘。有些植物对吸收二氧化硫、氯、氟化氢、氮氢化合物、臭氧有高出一般植物的能力。有些植物能分泌杀菌物质，有益人体健康。水生植物能促进水体中的生态平衡，净化湖沼水质。

绿量丰富的大型绿地在白天由于温度低于建筑密集地段，在城市中会造成大气的对流，促进大气环流运行，有益于减弱城市热岛效应，使污浊空气升空和新鲜空气输入。植物减阻噪声的作用在于茂密的树冠吸收声波并阻挡声波的传播，地面和垂直绿化则可减少声波的反射。植物防止水土流失关键在于地面的绿化和保存林木产生的大量落叶，既可吸涵天然降水，使其逐渐渗入土壤，又可保护表土减少地面径流冲蚀。

种植设计方法　必须因地制宜，按照具体立地条件布置与之相适应的植物种类配置，才能使植物正常生长和发育。为充分发挥植物产生的上述不同生态功能，在不同场合的种植设计需要选择合适的植物种类，并采用合适的组合形式。有的地方可设计成防风林带、卫生防护林带或行列树；有的地方可设计成自然式植物群落或绿篱、棚架等形式，在改善生态环境的同时兼有供游憩、观赏的作用。在道路绿化中可以有行列整齐的部分，也可以有自然群落的部分，其功能各有重点。

园林植物中虽有许多从异地引种而来，经过长期驯化或人工培育可育出新品种。但每种植物仍只能生长在本身所能适应的气候环境之中，"适地适树"还是普遍的设计原则。城市中的气候与所在地区的大环境往往有很大的差别，而且不同地段会产生不同的小气候。因此，城市园林植物种植设计选用的植物必须是在当地城市中有长久栽培历史或引种试验成功的品种。而且在不同的小气候地段布置与之相适应的种类，这也是展现园林地方特色的有效途径。

在自然界，植物是以由不同种的层片所组成的群落形式存在的。它们当中有的喜阳，有的耐阴，彼此高低错落、相互依存，并与动物及微生物构成生态系统才能长期稳定地共同生存。园林中为了满足人的活动和造景需要，往往违背自然生态平衡的规律，而以人工养护措施弥补自然条件的不足。但是在植物种植设计中必须十分重视生态规律，尽量创造有利于生态平衡的结构和环境，以便植物茁壮生长，节省人工养护的投入，提高抵抗病虫害的能力。例如成片林木采用几种乔木与灌木、草本植物、地被植物相结合，形成群落，并配植一些能吸引鸟类栖息的浆果类植物种，把观赏价值高的植物布置在林缘和林间空地周边，形成丰富的色彩与层次。在寒冷、干燥、多风的地方用密茂的林木创造温暖湿润的小气候环境，再在其中种植较柔弱的观赏植物。乔木下地面需要铺装的地方采用通气透水材料；避免把某些植病共为寄主的几种植物栽植在一座园内等等。

园林植物造景　在植物造景方面常运用美学规律中的调和、对比效应，轮廓线条变化以及丰富层次、开合视野等技法丰富观赏情趣。如以不同树种造成林冠天际线的起伏，以不同高度和色彩的植物形成若干层次，用不同花色、叶色和形态质感的植物形成立面的变化，以花的绽放和叶的变色加强季节感觉等。

古代西方园林多为规则式布局。乔木成行栽植，循中轴线对称或植成树畦、丛林区。灌木常植成整形的绿篱，或修剪成各种几何图形。还用矮灌木组成模样植坛，或摆布成绳结状的结节园。草本花卉多组成色彩丰富、图案明晰、边缘整齐的模纹花坛。18世纪30年代，英国开始兴起自然式园林，随后扩展到整个欧洲，又随殖民者传播到美洲、南非、大洋洲等地。其中乔灌木均作自然式布置，与草地交错结合，在林缘处布置树形、色彩较突出或富于季相变化的植物，在近林缘处的草地上布置树形优美的孤立树，与三五株树形明快的不同树种或更多乔灌木组成树群。19世纪末期，以英国为首的欧洲各国从其他大陆引种植物和植物育种事业迅速发展，园林观赏植物品种剧增，杜鹃、山茶、木兰、月季等观花乔灌木和以多种草本花卉组成的自然式花境逐渐成为自然式园林的重要构成部分。园林造景的手法也更加丰富，并出现了月季、杜鹃、松、柏、欧石南等专类园。建筑物墙面和棚架则常用地锦、常春藤、蔷薇、紫藤、凌霄等攀缘植物装饰覆盖。进入 20 世纪以后，植物造景中又出现艺术地再现自然景观中的优美局部，被称为"设计出来的风景"。但与此同时，巴西造园师 R.布尔勒·马科斯却把植物当作一种建筑材料使用，设计成建筑的组成部分，或与人工的构筑物相结合；还用几种形态、叶色不同的低矮植物成片栽植并交错组成色块的结合，完全脱离了传统风格，对这种做法褒贬不一。

在中国传统造园中，植物造景是自然式的，所表现的是艺术地再现设计者所喜爱的自然景观和物我交融的境界，以创造意境为内涵。注重与山水地形相结合，利用植物的疏密高低形成有狭有旷、起结开合、富于韵律的审美效果。在中国的审美习惯中常把植物拟人化，注入伦理感情意识，如松树之长青不凋，梅有不畏严寒的傲骨，竹子刚直而有节，菊有傲霜承晚的操守，荷花出淤泥而不染等。利用这些拟人化的审美传统可以移情思绪，扩大意境的空间与时间范畴。许多观花

园林植篱

植物和芳香植物可以加强对时令、季节的感受。用地锦、络石等攀缘植物装点山石，可以显示景物的苍老。在亭廊旁种芭蕉听雨，种丛竹听风。沿池岸布置悬垂的迎春、素馨、蔓性蔷薇、悬崖菊等以形成美丽的倒影。在池沼浅水处布置水生鸢尾、睡莲等挺水、浮水植物以增加园林的野趣。

在日本传统园林中把赤松、黑松的侧枝整形成层片状，作为庭园的主景树。灌木大量使用杜鹃并修剪成圆球形。在瀑布旁种植红枫，引领枝条平展成为悬瀑的前景。地被植物常用筱竹、蕨类和苔藓。早樱则是最重要的季相繁花，常成林成片栽植。

［十一、花境］

设计在园林景区的边缘地带或墙、篱前的花卉灌木带。通常带宽约 2～3 米，长度不限。又称为花缘或花径。与花坛的主要区别是花坛上的花朵在凋谢后必须铲除，换植新开的植株，而花境则以多年生草花为主，花谢后并不铲除，一般经 3～5 年后始行换植。英国、法国花园中典型的花境多全用宿根花卉组成，也有配植少量矮生灌木的。在美国除草花花境外，尚多见全为灌木丛组成的花境和草本与木本混合组成的花境。

设计常借鉴自然界的林缘、缀花草地、高山草甸等景观并加以艺术化、理想化。在色彩上应考虑色块大小及分布，搭配的韵律，又应依花期的早晚、长短，植丛的高矮，形成此起彼伏、错落有致、相互掩映、络绎不绝的效果。一

花境

般将较高的种类栽在后方，矮的种在前方。在花境的后方最好有墙垣或高篱作背景，在背景篱与花境间留约 1 米左右的空间，种上草皮或铺上卵石作为隔离带，便于对花境后方植物和背景篱的养护管理。由于宿根花卉会逐年生长扩展面积，所以最初栽植时，在各团丛之间应适当留有空间并暂栽些一二年生或球根花卉填空。常用的花境植物有金光菊、蜀葵、萱草、一枝黄花、芍药、宿根福禄考、鸢尾、宿根飞燕草、宿根羽扇豆、千屈菜、鹿葱、玉簪、紫萼、荷包牡丹、小丽花、桔梗、射干、马蔺、三桠绣线菊、小花溲疏、四季锦带花、紫叶小檗、月季、石榴、紫珠、火棘、郁李等。养护管理方面，平日注意浇水，清除杂草和枯花败叶，保持花境的优美秀丽、生机盎然；初冬时应当对半耐寒种类，用落叶藁草加土覆盖保证安全过冬，次春萌芽前去除。

［十二、植篱］

用乔木或灌木成行地密植所形成的篱垣。

简史　中国在数千年前已用木本植物作植篱，《诗经》中有"折柳樊圃"之词。植篱大都用作宅院菜圃的护栏，在古典园林中未得到充分利用，直到 20 世纪初以来在新建的公园和城市绿地才普遍利用。植篱在欧洲的庭园中应用极广，16 ～ 17 世纪时常用作道路和花坛的镶边，17 ～ 18 世纪时盛行将植篱修剪整形成为鸟兽或各种几何形体。在王公贵族的大庄园花园中常用常绿植物和黄杨等修剪成低矮的窄篱，布置成各种优美的图案。

植篱在园林中的主要用途是：划分空间，圈围场地，屏蔽或引导视线于景物焦点或作为雕像、喷泉、园林小品等设施物的背景，又可采取特殊的种植方式形成专门的景区，构成迷宫或雕塑园等。

分类　按植篱的高度可分为矮篱（0.5 米以下）、中篱（0.5 ～ 1.5 米）、高篱（1.5 米以上）。矮篱多作围定园地或装饰用，高篱用于划分空间及屏障景物，形成封闭的透视线或作背景用，能形成优美的艺术氛围。植篱按种植方式可分为单行式和双行式，按配植和养护管理可分为自然式和整形式，对前者一般仅施行调节生长势的修剪，对后者则需定期进行整形修剪以保持体形外貌。自然式植篱和整形式植篱可以形成完全不同的景观，必须善于运用。植篱按植物种类及观赏特性可分为绿篱、彩叶篱、花篱、果篱、枝篱、刺篱等，必须根据园景主题和环境条件精心选择筹划。例如同为针叶树种绿篱，有的树叶具有金绿绒的质感，给人以平和、轻柔、舒畅的感觉；有的树叶颜色暗绿，质地坚硬，就形成严肃静穆的气氛。阔叶常绿树种类众多，更有不同的效果。又如花篱，不但花色、花期不同而且还有花的大小、形状、有无香气等差异，可形成情调各异的景色。至于果篱，除大小、形状色彩各异外，还可招引不同种类的鸟雀。

植篱树种和种植方法　作为植篱用的树种必须具有萌枝发枝力强、愈伤力强、耐修剪、耐荫、病虫害少等习性。植篱的栽植方法是在预定的栽植地带先行深翻整地，施入基肥，然后依种类和预期高度分别按 20～80 厘米株行距等距定植。定植后充分灌水并及时修剪。

第九章 世界园林

[一、巴比伦空中花园]

新巴比伦国王尼布甲尼撒二世为他的妃子建造的花园。建于公元前 6 世纪，被誉为世界七大奇观之一。

希腊历史学家斯特拉波和狄奥多罗斯对此园有不同的记载。据后者的描述，此园建有不同高度、越上越小的台层组合成的剧场般的建筑物。每个台层以石拱廊支撑，拱廊架在石墙上，拱下布置成精致的房间，台层上面覆土，种植各种树木花草。顶部有提水装置，

巴比伦空中花园

用以浇灌植物。这种逐渐收分的台层上布满植物，如同覆盖着森林的人造山，远看宛如悬挂在空中。这座花园可算作最古老的屋顶花园。

[二、古希腊庭园]

公元前 10 世纪，古希腊时代的贵族花园或公共园地。古代希腊是欧洲文明的发源地，荷马史诗中讲到园中种植果树、蔬菜、药草，以实用为主，也引溪水入园。

公元前 5 世纪，贵族住宅往往以柱廊环绕，形成中庭，庭中有喷泉、雕塑、瓶饰等，栽培蔷薇、罂粟、百合、风信子、水仙等以及芳香植物，后发展成为柱廊园形式。那时已出现公共游乐地、神庙附近的圣林是群众集聚和休息的场所。圣林中竞技场周围有大片绿地，布置了浓荫覆盖的行道树和散步的小径，有柱廊、凉亭和坐椅。这种配置方式对以后欧洲公园颇有影响。公元前 4 世纪时，著名的学者往往有户外讲学的园地，内设

古希腊雕塑

祭坛、雕像、纪念碑，也有亭、花架、林荫道、座椅等。古希腊哲学家柏拉图办的学校 Akademeia，就在园林中，因此译为"学园"。影响所及，后来的欧洲许多高等学府都有优美宁静的校园。古希腊妇女在纪念象征植物死而复生之神阿多尼斯的节日时，在屋顶上供奉阿多尼斯神像，围以盆栽植物。后来发展成为固定的阿多尼斯花园，园中树立神像，四季都有花卉装饰。

［三、古罗马花园］

受希腊文化影响，古代罗马建造的宫苑和贵族庄园。由于气候条件和地势特点，庄园多建在城郊依山临海的坡地，将坡地辟成不同高程的台地，各层台地分别布置建筑、雕塑、喷泉、水池和树木。用栏杆、台阶、挡土墙把各层台地连接，使建筑同园林、雕塑、建筑小品融为一体。园林成为建筑的户外延续部分。园林中的地形处理、水景、植物呈规则式布局。树木修剪成绿丛植坛，绿篱，各种几何形体和绿色雕塑。园林建筑有亭、柱廊等，多设在上层台地，可居高临下，俯瞰远景。有的庄园中设有蔷薇园、迷宫等，以及用云母片覆盖的温室。罗马近郊哈德良离宫（126～134）最为著名。古罗马园林对文艺复兴时期意大利台地园的兴起有很大影响。而罗马皇帝尼禄的金屋园则是另一种风格，规模很大，内有人工湖、耕地、牧场、森林、葡萄园等，形成田园风光。一些小型、封闭式的城市花园则往往以墙上的风景画来扩大空间效果。

古罗马哈德良离宫的柱廊园遗址

日本气候温润多雨，山明水秀，为造园提供了良好的客观条件。日本民族崇尚自然，喜好户外活动。中国的造园艺术传入日本后，经过长期实践和创新，形成了日本独特的园林艺术。

沿革 日本历史上早期虽有掘池筑岛，在岛上建造宫殿的记载，但主要是为了防御外敌和防范火灾。后来，由于中国文化的影响，庭园中出现了游赏内容。钦明天皇十三年（552），佛教东传，中国园林对日本的影响扩大。日本宫苑中开始造须弥山，架设吴桥等。朝臣贵族纷纷建造宅园。20世纪60年代平城京的考古发掘表明，奈良时代的庭园已有曲折的水池，池中设岩岛，池边置叠石，池岸和池底敷石块，环池疏布屋宇。

平安时代 平安时代前期庭园要求表现自然，贵族别墅常采用以池岛为主题的"水石庭"。到后期，贵族宅邸已由过去具有中国唐朝风格的左右对称形式，发展成为符合日本习俗的"寝殿造"形式。这种住宅前面有水池，池中设岛，池周布置亭、阁和假山，是按中国蓬莱海岛（一池三山）的概念布置而成的。例如京都宫道氏旧园，在寝殿（现已不存）南面有水池，池中有三座小岛，池西设泷石组（即叠落式溪流，近似小瀑布）。这个时期的庭园用石渐多，有泷石组、遣水石组（在水流边的布石）、池中小岛式石组（所谓龟岛、鹤岛、蓬莱岛等）。一些佛寺也多在大殿前辟水池，池中设岛，或在岛上建塔。岩手县毛越寺和京都法胜寺即为遗例。记述平安时期造园经验的《作庭记》，是日本最早的造园著作。

镰仓时代 武士阶层掌握政权后，京都的贵族仍按传统建造蓬莱海岛式庭园，鹿苑寺庭园即为一例。另一方面，由中国传入的禅宗佛教兴盛起来，禅僧的生活态度以及携来的茶和水墨山水画等都对日本上层社会产生很大影响，从而引起日本住宅和园林建筑的变化。禅、茶、画三者结合孕育而成的思想情趣，使日本庭园产生一种洗练、素雅、清幽的风格。镰仓末期的造园家禅僧疏石（梦窗国师），他曾设计构筑京都西芳寺、天龙寺、镰仓端泉寺、甲州惠林寺等庭园。他也是枯山水式庭园的先驱，对日本庭园的发展有很大影响。

日本京都龙安寺枯山水式庭园

室町时代　武士宅园仍以蓬莱海岛式庭园为主。由于禅宗仍很兴盛，在禅与画的进一步影响下，枯山水式庭园发展起来。这种庭园规模一般较小，园内以石组为主要观赏对象，而用白砂象征水面和水池，或者配以简素的树木。典型实例是京都大德寺大仙院和龙安寺庭院（均为方丈庭园）。大仙院建于 1513 年，庭园位于方丈室前，宽仅 5～6 米，以一组"瀑布"石组为主体，象征峰峦起伏的山景，山下有"溪"，用白砂耙出波纹代替溪水。这种"无水而似有水、有声寓于无声"的造园手法，犹如写意山水画，是一种有高度想象力的艺术概括。龙安寺方丈庭园枯山水全用白砂敷设，不植树木，白砂中缀石组五处，共十五块，分为五、二、三、二、三，由东到西，面向方丈室作弧形布置，风格洗练而含蓄，被视为枯山水式庭园代表作。

桃山时期　这时期多为武士家的书院庭园。室町末期至桃山初期是群雄割据的乱世，各地诸侯建造高大坚固的城堡，邸宅庭园则以宏大富丽为荣，如二条城、安土城、聚乐第、大阪城、伏见城；但蓬莱山水和枯山水仍然是庭园的主流。园林植物方面创造出"刈込"法，这是一种对树木进行整形修剪的方法，一般都是把成片栽植的植物修剪成不规则的、自由起伏的"大刈込"。石组多用大块石，形成一种宏大凝重的气势。大书院、大刈込、大石组，构成这个时期园林的特点。

值得注意的是随茶道的发展而兴起的茶室和茶庭。千利休被称为茶道法祖，他提出的"佗"是茶庭的灵魂，意思是寂静、简素，在不足中体味完美，从欠缺中寻求至多。他所倡导的"茶庵式"茶室和茶庭，富有山陬村舍的气息，用材平常，景致简朴而野趣。遗作有表千家的茶庭等。同时，石塔、石灯、水钵的布置和飞石、敷石的手法，由于在茶庭中的使用而有了进一步的发展。

江户时期　两百多年间大体处于承平时代，皇室贵族造园之风仍盛，各地诸侯因一年一度至江户参觐，纷纷在江户建造豪华的府邸庭园。因此，这一时期成为集过去历代造园艺术之大成的时期，涌现出一些杰出的造园家如小堀远州等。小堀远州做过远江守，后又为德川幕府的"茶道师范"，以造园和茶事闻名遐迩。他的作品遗例有京都南禅寺金地院庭园和孤蓬庵庭园等。

江户时期除了有前一阶段发展起来的草庵式茶庭（通常称为露路、露地）外，还兴起了"书院式"茶庭，特点是在庭园中各茶室间用"回游道路"和"露路"连通，一般都设在大规模园林之中，如修学院离宫、桂离宫等。枯山水的运用也更为广泛，

日本庭园的代表作桂离宫（17世纪初）

形式更多，出现了所谓"七五三式"、"十六罗汉式"等品类。以前庭园中种植的植物重常绿树而轻花卉，到江户时期才开始大量种植花卉。单株植物修剪成的"小刈込"也发展起来。这个时期有代表性的庭园是江户初期智仁亲王在桂川边上所建的桂离宫和后水尾天皇为退位后居住而建的修学院离宫。此外，还有很多寺院庭园、茶庭、邸宅庭园的遗例。

明治维新以后　随着西方文化的输入，在欧美造园艺术的影响下，日本庭园开始了新的转折。西方的园路、喷泉、花坛、草坪等开始在庭园中出现，使日本园林除原有的传统手法外，又增加了新的造园技艺。而且庭园从特权阶层私有专用转为开放公有，国家开放了一批私园，也新建了大批公园。

日本园林早期接受中国的影响，但在长期发展过程中形成了日本自己的特色，产生了多种样式的庭园，主要有以下几种。

林泉式　或称池泉式。园中以水池为中心，布置岛、瀑布、土山、溪流、桥、

亭、榭等。在大型庭园中还有"回游式"的环池设路或可兼作水面游览用的"回游兼舟游式"的环池设路等。

筑山庭　在庭园内堆土筑成假山，缀以石组、树木、飞石、石灯笼等。至江户末期，则有所谓"真筑山、行筑山、草筑山"三体，主要是精致程度上的区别。

平庭　这种庭园内部地势平坦，不筑土山。根据庭内敷材不同而有芝庭、苔庭、砂庭、石庭等。一般采用低矮的石组，配以园路、"刈込"及其他树木。形式也根据园景繁简程度而分为真、行、草三种。

茶庭　与茶室相配的庭园，有神院茶庭、书院茶庭、草庵式茶庭三种，其中草庵式茶庭最具特色。又因茶庭区划不同而有一重露地、二重露地、三重露地三种，三重露地则有外、中、内三区庭园。

枯山水　在庭园内敷白砂，缀以石组或适量树木，因无山无水而得名。这是日本特有的造园手法。

园林布置就植物配置、山石、建筑分述如下。

植物配置　日本庭园早期重常绿树而轻花卉，江户以后有所改进。园内地面常用细草、小竹类、蔓类、羊齿类、藓苔类等植物覆被，很少用砖石满铺。人工修剪的"刈込"是一大特色。

山石　很少用石叠假山，一般用土山和石组。石组的式样变化很多，用石方式也多种多样。

园林建筑　采用散点式布置，无蜿蜒的长廊。不论是书院造还是数寄屋，平面都很自由，布局开敞，外围的纸格扇可以拉开，使内外空间联成一片。建筑风格素雅，屋面多用草、树皮、木板覆盖，仅少数大书院式庭院用瓦顶。木架、地板和装修一般都不用油漆，但做工精细，表面磨光露出木质纹理，用带皮树干、竹、苇等自然材料，墙面用素土抹灰。因此，日本庭园建筑格调细腻而雅致。

［五、意大利园林］

通常以 15 世纪中叶到 17 世纪中叶，即以文艺复兴时期和巴罗克时期的意大利园林为代表。

特点　意大利园林一般附属于郊外别墅，与别墅一起由建筑师设计，布局统一，但别墅不起统率作用。它继承了古罗马花园的特点，采用规则式布局而不突出轴线。园林分两部分：紧挨着主要建筑物的部分是"花园"，花园之外是"林园"。意大利境内多丘陵，花园别墅造在斜坡上，花园顺地形分成几层台地，在台地上按中轴线对称布置几何形的水池和用黄杨或柏树组成花纹图案的剪树植坛，很少用花。重视水的处理，借地形修渠道将山泉水引下，层层下跌，叮咚作响，或用管道引水到平台上，因水压形成喷泉，跌水和喷泉是花园里很活跃的景观。外围的林园是天然景色，树木茂密。别墅的主建筑物通常在较高或最高层的台地上，可以俯瞰全园景色和观赏四周的自然风光，故意大利园林常被称为"台地园"。

文艺复兴时期　随着人文主义的发展，自然美重新受到重视。城市里的富豪和贵族恢复了古罗马的传统，到乡间建造园林别墅居住。佛罗伦萨附近费索勒的美第奇别墅（1458～1461）是比较早的一座。它依山坡辟两层东西狭长的台地，上层植树丛，主建筑物造在西端，下层正中是圆形水池，左右有图案式剪树植坛。两层台地之间高差很大，因而造了一条连接过渡用的很窄的台地，以绿廊覆盖。这座园林风格很简朴，虽有中轴线而不强调，主建筑物不起统率作用。16 世纪上半叶在罗马品巧山造的另一所美第奇别墅，园林的风格也很简朴，以方块树丛和植坛为主，在两层台地间的挡土墙上筑很深的壁龛，安置雕像，上层台地的一端有土丘，可远眺城外的野景，主建筑物也造在台地的一侧。

16 世纪中期是意大利园林的全盛时期。这时期普遍以整个园林作统一的构图，突出轴线和整齐的格局，别墅渐起统率作用。基本的造园要素是石作、树木和水。石作包括台阶、栏杆、挡土墙、道路以及和水结合的池、泉、渠等，还有大量的雕像。树木以常绿树为主，经过修剪，形成绿墙、绿廊等。台地上布满一方方由黄杨或

《中国大百科全书》普及版◎ 不穷之景——园林情韵 buqiongzhijing yuanlinqingyun

柏树构成图案的植坛。花园里常有自然形态的小树丛，与外围的树林相呼应。水以流动的为主，都与石作结合，成为建筑化的水景，如喷泉、壁泉、溢流、瀑布、叠落等。注意光影的对比，运用水的闪烁和水中倒影。也有意利用流水的声音作为造园题材。这个时期比较著名的有埃斯特别墅（1550）和朗特别墅（1564）。

埃斯特别墅在罗马东郊的蒂沃利。主建筑物在高地边缘，后面的园林建在陡坡上，分成 8 层台地，上下相差 50 米，由一条装饰着台阶、雕像和喷泉的主轴线贯穿起来。中轴线的左右还有次轴。在各层台地上种满高大茂密的常绿乔木。一条"百泉路"横贯全园，林间布满小溪流和各种喷泉。后来，在巴罗克时期又增建了大型的水风琴和有各种机关变化的水法。这座园林因此得名为"水花园"。园的两侧还有一些小独立景区，从"小罗马"景区可以远眺 30 千米外的罗马城。花园最低处布置水池和植坛。

朗特别墅

朗特别墅在罗马以北 96 千米的巴那亚，它以水从岩洞发源到流泻入海的全过程为基本题材。花园最高处的树林中，从岩洞里流出的一股泉水，顺坡而下，形成喷泉、链形叠落渠、瀑布、河流等，构成中轴线。最后在底层平地形成水池，池中央有出色的雕像群，四周有绣花图案的植坛。主体建筑位于中层台地上，为一对小别墅，分居中线两侧，保持了中轴线的完整。

巴罗克时期 16 世纪末至 17 世纪，建筑艺术发展到巴罗克式，园林的内容和形式也有新的变化。这时期的园林追求新奇、夸张和大量的装饰。园林中的建筑物体量一般相当大，显著居于统率地位。林荫道纵横交错，甚至应用了城市广场的三叉式林荫道。植物修剪的技巧有了发展，"绿色雕刻"的形象更复杂。绿墙如波浪起伏，剪树植坛的各式花纹曲线更多，绿色剧场（露天剧场由经过修剪的高大绿篱作天幕、侧幕等）也很普遍。流行用绿墙、绿廊、丛林等造成空间和阴影的突然变化。水的处理更加丰富多彩，利用水的动静、声、光，结合雕塑，建造水风琴、水剧场（通常为半环形装饰性建筑物，利用水流经一些装置发出各种声音）和各种机关水法，是这时期的一大特点。比较著名的实例有阿尔多布兰迪尼别墅（1598～1603）和迦兆尼别墅。阿尔多布兰迪尼别墅在罗马东南郊的弗拉斯卡蒂。主建筑物在中层台地，宽达 100 米，前面是伸展更宽的大台阶和三叉式林荫道，后面水从高坡处经链式叠落水渠和水台阶奔泻而下，中途压到一对石柱顶上，水从柱顶沿石柱表面的螺旋形凹槽流下，流入一座装有大量机关水法的水剧场。迦兆尼别墅在卢卡北郊，花园平面轮廓由直线和曲线组合而成，像一面盾。高处是大片丛林，中央被水台阶劈开。丛林下缘一侧有绿色剧场。低处是两层台地，种植成复杂曲线图案的黄杨植坛围绕着一对圆形水池。这两层台地的外缘由两道绿墙形成夹道，里面的一道绿墙顶部修剪成波浪形。虽然主要建筑物在园外，但中轴线上有一连串大双跑台阶，轴线仍然十分突出。

[六、法国园林]

法国的园林艺术在 17 世纪下半叶形成鲜明的特色，产生了成熟的作品，对欧洲各国有很大的影响。它的代表作是孚 - 勒 - 维贡府邸花园（1656～1671）和凡尔赛宫园林，创作者是 A. 勒诺特尔。这时期的园林艺术是古典主义文化的一部分，所以，法国园林艺术在欧洲被称为古典主义园林艺术，以法国的宫廷花园为代表的园林则被称为勒诺特尔式园林。

沿革　法国园林萌芽于罗马高卢时期。在中世纪，园子附属于修道院或者封建主的寨堡，以种植蔬菜、药草、果木为主。园子由水渠划分为方块的畦，水井在园子中央，上面用格栅建亭，覆满葡萄或其他攀缘植物。有用格栅构造的拱架覆在小径上，以攀缘植物形成绿廊。园子一侧有鱼池，偶尔有鸟笼。树木修剪成为几何形或动物形状。

16世纪初，法国园林受到意大利文艺复兴时期园林风格的影响，出现了台地式花园布局，剪树植坛，岩洞，果盘式喷泉等。结合法国的条件，又有自己的特点：法国地形平坦，因此园林规模更宏大而华丽；在园林理水技巧上多用平静的水池、水渠，很少用瀑布、落水；在剪树植坛的边缘加上花卉镶边，以后逐步大量应用花卉，发展成为绣花式花坛。17世纪上半叶，古典主义已经在法国各个文化领域中发展起来，造园艺术也发生重大变化。1638年，J.布瓦索在著作中肯定人工美高于自然美，而人工美的基本原则是变化的统一。他主张把园林当作整幅构图，直线和方角是基本形式，都要服从比例的原则。花园里除植坛上很矮的黄杨和紫杉等以外，不种树木，以利于一览无余地欣赏整幅图案。

勒诺特尔的园林艺术　17世纪下半叶，王朝专制制度达到顶峰，古典主义文化是这种制度的反映。勒诺特尔是法国古典园林集大成的代表人物。他继承和发展了整体设计的布局原则，借鉴意大利园林艺术，并为适应宫廷的需要而有所创新，手法更复杂多样，使法国造园艺术摆脱了对意大利园林的模仿，成为独立的流派。勒诺特尔总是把宫殿或府邸放在高地上，居于统率地位。从它前面伸出笔直的林荫道，在它后面，是一片花园，花园的外围是林园，府邸的中轴线，前面穿过林荫道指向城市，后面穿过花园和林园指向荒郊。他所经营的宫廷园林规模都很大。花园的布局、图案、尺度都和宫殿府邸的建筑构图相适应。花园里，中央主轴线控制整体，配上几条次要轴线，还有几道横向轴线。这些轴线和大路小径组成严谨的几何格网，主次分明。轴线和路径伸进林园，把林园也组织到几何格网中。轴线或路径的交叉点，用喷泉、雕像或小建筑物作装饰，既标志出布局的几何性，又造成节奏感，产生出多变的景观。重视用水，主要是用石块砌成形状规整的水池或沟渠，并设置了大量喷泉。

孚－勒－维贡府邸花园 古典主义园林的第一个成熟的代表作，特点在于把中轴线装点成为全园最华丽、最丰富、最有艺术表现力的部分。中轴线全长约1千米，宽约200米，在各层台地上有不同的题材，布置着水池、植坛、雕像和喷泉等，并应用不同的处理方法。最重要的有两段：靠近府邸的台地上的一段两侧是顺向长条绣花式花坛，图案丰满生动，色彩艳丽；次一个台地上的一段，两侧草地边上密排着喷泉，水柱垂直向上，称为"水晶栏栅"。再往前走，最低处是由一条水渠形成的横轴。水渠的此岸有一排小落水，从石雕的假面和贝壳中涌出，泻入渠中，彼岸有七个深龛，龛中设雕像。这一段水面叫"水剧场"。过了水剧场，登上大台阶，前面高地顶上耸立着大力神海格里斯像。它后面围着半圆形的树墙，有三条路向后放射出去，是中轴线的终点。再外侧是林园。孚－勒－维贡府邸花园的布局清晰，富有变化。

孚－勒－维贡府邸花园

《中国大百科全书》普及版 ○ 不穷之景——园林情韵 buqiongzhijing yuanlinqingyun

巴黎凡尔赛宫的几何图案花坛

凡尔赛宫园林　花园在宫殿西侧，从南至北分为三部分。南北两部分都是绣花式花坛，南面绣花式花坛再向南是橘园和人工湖，景色开阔，是外向性的；北面花坛被密林包围着，景致幽雅，是内向性的，一条林荫路向北穿过密林，尽端是大水池和海神喷泉。中央部分有一对水池，从这里开始的中轴线长达数千米，向西穿过林园。林园分两个区域，较近的一区叫小林园，被道路划分成12块丛林，每块丛林中央分别设有回纹迷宫、水池、水剧场、岩洞、喷泉、亭子等，各具特色。远处的大林园全是高大的乔木。中轴线穿过小林园的一段称王家大道，中央有草地，两侧排着雕刻。王家大道东端的水池里立阿波罗母亲的雕像，西端的水池里立阿波罗雕像，阿波罗正驾车冲出水面。这两组雕像表明，王家大道的主题是歌颂太阳神阿波罗，也就是歌颂号称"太阳王"的路易十四。进入大林园以后，中轴线变成一条水渠，另一条水渠与它十字相交，构成横轴线，它的南端是动物园，北端是特里阿农殿。法国古典主义文化当时领导着欧洲文化潮流，勒诺特尔的造园艺术流传到欧洲各国。许多国家的君主甚至直接模仿凡尔赛宫及其园林。

自然式园林的影响　18世纪上半叶，随着中央专制政权的衰落，古典主义的园林艺术也衰落了，新的潮流是重视自然的美。启蒙主义思想家 J.-J. 卢梭的"返回自然去"的号召对造园艺术很有影响。在这个转变中，法国人一方面从传教士寄自中国的报告中借鉴中国造园艺术，一方面是借鉴在中国造园艺术启发下刚刚形成的英国自然风致园。他们借鉴了中国的造园艺术中天然野趣的布局和风格，掇山叠石，荒岸野林，甚至仿造中国式的亭、阁、塔、桥等。1774年，在凡尔赛园林里建成的小特里阿农花园，被称道为"最中国式"的。

勒诺特尔，A.

　　法国园林设计师。出生于巴黎的造园世家，卒于巴黎。祖父是宫廷造园家。父亲是丢勒里花园（Tuileries）的管理人，去世前是路易十四的园艺师。勒诺特尔13岁起师从画家S.乌埃学习绘画，22岁时开始学习建筑学，并与父亲一起在丢勒里花园中从事园艺工作，从而掌握了造园与园艺的技术，随后开始负责丢勒里花园的建造。

　　勒诺特尔的成名作是为国王路易十四的财政大臣N.福凯设计的孚－勒－

枫丹白露花园

《中国大百科全书》普及版○ 不穷之景——园林情韵 buqiongzhijing yuanlinqingyun

枫丹白露宫一角

维贡府邸花园（Vaux-le-Vicomte），这是园林史上划时代的作品。园林是几何形的，有着非常严谨的几何秩序，均衡和谐。宫殿高高在上，建筑的轴线统治着园林的轴线，这条轴线一直延伸至园外的森林之中。轴线两侧布置有大花坛、水池、喷泉、雕像、修剪成几何体的造型植物。园林的外围是森林，浓浓的绿荫成为整个园林的背景。园林宁静而开阔，统一中又富有变化，显得富丽堂皇、雄伟壮观。

孚－勒－维贡府邸花园在尺度和壮观程度上都超过了当时法国所有的花园，这引发了路易十四的羡慕与嫉妒，也激起他要建造一座更宏大壮观的宫殿和园林的设想。自1661年始，勒诺特尔开始凡尔赛花园的设计与建造工作，并担任路易十四的宫廷造园家，直到1700年去世。

勒诺特尔设计和改造了许多宫殿花园，表现出高超的艺术才能，形成风靡欧洲长达一个世纪之久的勒诺特尔式园林，被誉为"宫廷造园家之王"。除了孚－勒－维贡府邸花园和凡尔赛花园外，他的主要作品还有玛利宫花园、圣·克洛花园、枫丹白露花园、克拉尼花园、丢勒里花园、圣日耳曼花园、苏园和尚蒂伊花园等。

　　英国在 18 世纪发展起来的自然风景园。这种风景园以起伏开阔的草地、自然式种植的树丛、蜿蜒的小径为特色。不列颠群岛潮湿多云的气候条件，资本主义生产方式造成庞大的城市，促使人们追求开朗、明快的自然风景。英国本土丘陵起伏的地形和大面积的牧场风光为园林形式提供了直接的范例，社会财富的增加为园林建设提供了物质基础。这些条件促成了独具一格的英国式园林的出现。

　　在 17 世纪以前，英国园林主要模仿意大利封建贵族的别墅、庄园。整个园林被设计成封闭的环境，以直线的小径划分成若干几何形的地块。这种园林在都铎王朝时期（1485～1603）最为盛行，其代表作是亨利八世（1491～1547）在伦敦泰晤士河上游兴建的汉普敦府邸（Hampton Court，1515～1530）。17 世纪，法国在路易十四执政时，A.勒诺特尔设计和建造了豪华的凡尔赛宫园林，产生了世界性的影响。1660 年流亡法国的查理二世回国即位后，聘请法国园林匠师参加汉普敦府邸的改建，使它在规模和气派上可与凡尔赛宫媲美。一时，按照法国园

英国的图画式园林

《中国大百科全书》普及版 ○ 不穷之景——园林情韵

buqiongzhijing yuanlinqingyun

林模式造园成为英国上流社会的风尚。18世纪初，英国人开始探求本国新的园林形式。

受中国园林、绘画和欧洲风景画的启发，英国园林师开始从英国自然风景汲取营养。1713年，园林师C.布里奇曼在白金汉郡的斯托乌府邸

英国设菲尔德公园景观

（Stowe）拆除围墙，设置界沟，把园外的自然风景引入园内。此后，园林师W. 肯特在园林设计中大量运用自然式手法。他建造的园林中有形状顺应自然的河流和湖泊，起伏的草地，自然生长的树木，并在规则划分的地块中间修建弯曲的小径。1730年前后，他用这种手法改造了斯托乌府邸。肯特去世后，他的助手L.布朗对斯托乌府邸又进行了彻底改造，去除一切规则式痕迹，全园呈现一派牧歌式的自然景色。这种新型园林使公众耳目一新，争相效法，遂形成"自然风景学派"。

在自然风景学派影响下，全国破坏了许多古典园林的原有风貌，因而也曾遭到非难。一位到过中国的建筑师、园林师W.钱伯斯主张在英国园林中引入中国情调的建筑小品。他的著作在欧洲，尤其在法国颇有影响，于是出现了所谓英中式园林。由于倡导者对中国园林并无深入研究，因此人们对它的热情很快就消失了。

布朗事业的优秀继承人H.雷普顿主张在建筑物周围运用花坛、棚架、栅栏、台阶等装饰性布置，作为建筑物向自然环境的过渡，而把自然风景作为各种装饰性布置的壮丽背景，这种手法雅俗共赏，因而被更多的人所接受。以布朗的作品为代表的英国自然风景园的产生和发展虽受到欧洲资本主义思潮的影响和中国园林艺术的启发，但本质上是英国特定环境的产物。

［八、美国现代园林］

在殖民统治时期，美国没有大规模的园林建造，园林的基本形式多采用欧洲历史上的园林风格。19世纪后，园林的建造有所发展。A.J.道宁是美国早期园林事业的最重要的人物，他集建筑师和园艺师为一身，出版了许多有关园林的著作，并完成了一些公园和庭院的设计。随着美国大城市的发展，自19世纪中叶起，城市公园大量涌现。1854年，继承道宁思想的F.L.奥姆斯特德修建了360公顷的纽约中央公园，传播了城市公园的思想。此后，美国城市公园的发展取得了惊人成就。奥姆斯特德是美国风景园林事业的创始人，他繁多的作品使户外空间设计正式成为一项专业。1899年，美国风景园林师协会成立。一年后，奥姆斯特德的儿子小奥姆斯特德在哈佛大学设立美国第一个风景园林专业。

20世纪初，美国风景园林师F.斯蒂里将欧洲现代风景园林的思想介绍到了美国，一定程度上推动了美国风景园林领域的现代主义进程。

20世纪30～40年代，由于第二次世界大战，欧洲著名的现代艺术家和建筑师纷纷来到美国，美国由此取代欧洲成为世界现代艺术和建筑活动的中心。W.格罗皮乌斯到哈佛大学任教，带来包豪斯的办学精神，彻底改变了哈佛建筑专业的"学院派"传统。受此鼓舞，J.罗斯、D.克雷和G.埃克博三个意气相投的哈佛风景园林系的学生通过学习现代建筑的发展潮流，于1938～1941年间发表一系列文章，提出园林设计的新思想，推动了美国的风景园林行业朝向适合时代精神的方向发展。

克雷设计的米勒花园

20世纪40年代，在美国西海岸，一种不同以往的私人花园风格逐渐兴起，成为当时现代园林的代表。这种带有露天木制平台、游泳池、不规则种植区域和动态平面的小花园为人们创造了户外生活的新方式，被称之为"加州花园"。这一风格的开创者是 T.丘奇，他开创了风景园林设计的新途径，成为 20 世纪美国现代风景园林的奠基人之一。东海岸地区则以克雷为代表，体现了现代主义的影响。克雷的作品显示出他用古典主义语言营造现代空间的追求，如 1955 年的米勒花园。

丘奇设计的唐纳花园

　　第二次世界大战后，美国的社会处在巨大的变化之中，风景园林行业进入了从未有过的繁荣时期。设计的机会迅速增加，风景园林设计的领域也迅速拓展。虽然小尺度的私人园林、花园设计仍在继续，但是随着社会的发展，公园、植物园、居住社区、城市开放空间、公司和大学园区、自然保护工程使设计者在一个更广阔、更为公共的尺度上工作。美国风景园林界最重要的实践者和理论家之一 L.哈普林以公共喷泉广场的设计而著称，如波特兰系列广场等。他早在 1962 年海滨农庄住宅区就运用生态原则进行社区规划。在美国大城市，如纽约还出现了一些见缝插针的小型城市绿地——袖珍公园，受到公众的欢迎。R.L.泽恩设计的纽约帕雷公园，是这类袖珍公园中的第一个。这是解决无公共绿地的缓解方式。

　　20 世纪 60 年代末 70 年代初，各种社会、文化、艺术和科学的思想逐渐影响

哈普林设计的波特兰演讲堂前广场

泽恩设计的纽约帕雷公园

到风景园林领域，风景园林规划设计的发展呈现出多元化的趋势，人们开始意识到自然环境和文化环境的巨大危机。席卷全球的生态主义浪潮促使人们站在科学的视角上重新审视这个行业。对现代主义的反省带来了各种思潮的涌动，艺术领域的各种流派给了风景园林师很大的启发，艺术家也纷纷投身园林的创作。这阶段的作品体现了科学与艺术的综合，即生态主义原则和大地艺术手段的结合。在许许多多的风景园林师、艺术家和建筑师的努力下，景观设计的思想更加广阔，手法更加多样，美国现代景观朝向多元化方向发展。

[九、俄罗斯园林]

有关俄罗斯园林的记载始于 12 世纪。中世纪时寺院的园林颇为兴盛，贵族庄园中也有幽雅的园林，多以实用为主。1495 年莫斯科大火，城市建筑间的绿地起了防火作用，因而开始受到重视。17 世纪末至 18 世纪初彼得大帝统治时期，俄国同西欧国家交往频繁，俄国园林因受法国园林和意大利园林风格的影响，进入一个新的阶段。从此出现了气概宏伟的宫苑，严整对称的规则式布局风行一时。

园林的功能由实用为主转为以娱乐、休息和美化环境为主。莫斯科的库斯科沃、阿尔汉格尔斯克庄园，圣彼得堡的夏花园、彼得宫（又称夏宫）和皇村是这个时期的代表作，并且留存至今。

18世纪末英国自然风致园风靡欧洲，加上规则式园林养护管理耗费巨大，当时俄国又受到国内文学艺术思潮的冲击，于是纷纷出现自然风景园。乌克兰的索非耶夫卡为早期代表作，园中没有直线道路、行列式种植、形状规整的水池、喷泉、花坛等，出现野草丛生的废墟、隐士草庵等浪漫主义情调的景物。圣彼得堡的巴甫洛夫斯克公园始建于1777年，是在俄罗斯自然森林风景的基础上建造的。该园既有规则式的布局，也有浪漫主义的痕迹，而大片森林则是全园的主体。森林有疏有密，有林中空地和林中水体，形成不同的空间。有丰富多彩的树丛、树群、灌木群，形成开朗与封闭的空间，有姿态优美的孤立树。少量建筑点缀在透视线的焦点上，在植物环绕的空间里越发醒目，各具特色的局部融于主体即森林之中。这些独特的艺术风格使巴甫洛夫斯克公园被誉为俄罗斯园林的典范，对以后俄罗斯园林风格的形成和发展有深远影响。

圣彼得堡的彼得宫喷泉